河南省高等学校人文社会科学重点研究基地——农业政策与农村发展研究中心 资助出版
河南省软科学研究基地——河南省农村经济发展软科学研究基地

内部控制与食品安全
信息披露关系研究

The Impact of Internal Control on
Food Safety Information Disclosure

陈素云　著

U0272697

中国农业出版社

摘　　要

　　食品质量安全有关消费者身体健康和社会的稳定发展，是政府和公众关注的热点问题。然而近年来频发的食品质量安全事件，引发了公众对食品安全问题的担心。基于食品"经验品"和"信用品"的特性，学者们认为食品市场信息不对称和交易成本过高是食品质量安全问题的主要诱因。由此，理论研究关注的一个重要问题是企业的食品质量安全信息披露水平受哪些因素影响。目前的研究更多地将企业视为政府规制的接受者，着眼于从外部公共压力层面寻求影响食品质量安全信息披露水平的因素，但食品质量安全信息产生于企业内部，食品安全信息的质量很大程度上取决于企业内部机制。从作为公司内部重要的制度基础的内部控制视角探讨食品安全信息披露问题，有助于从供给侧解决食品安全问题。

　　本书以 2011—2014 年上海和深圳两地证券交易所上市的食品类公司为研究样本，以相关利益者理论、信息不对称理论和委托代理理论为理论基础，沿着需求—动机—目的这一哲学逻辑分析内部控制对食品安全信息披露的作用机制，构建了研究内部控制与食品质量安全信息披露问题的理论分析框架。并以此为出发点，着重研究了以下三个方面的问题：①内部控制的制度设计是否能够影响食品质量安全信息披露？如果能够影响，是通过何种机理以及如何影响食品安全信息披露？②内部治理机制能否抑制管理层对利益相关者的委托代理风险，何种内部治理机制能够正向影响食品安全信息披露？③内部控制流程设计是否能够抑制契约不完备带来的契约方的机会主义行为，防范食品质量安全风险？

研究发现：①高水平的内部控制可以提升食品安全信息披露的质量。学术界对内部控制保障财务信息披露可靠性已有一定的共识，但内部控制是否能够提升非财务信息的质量？本书的研究结论表明内部控制通过抑制委托—代理风险和经营风险，提升了食品安全信息披露的质量。这意味着对于内控控制效用的研究可以延伸至非财务信息领域。②公司内部治理结构对食品安全信息披露有显著的影响。公司内部治理结构越完善，食品安全信息披露水平越高。这验证了内部治理机制不仅可以抑制管理层对股东的机会主义行为，也可以抑制管理层与其他利益相关者之间的委托—代理风险。③内部控制流程可以防范食品质量安全风险。本书以内部控制的一级指标作为内部控制流程的替代变量，研究内部控制流程与食品质量安全信息披露的关系，研究结果表明，各项一级指标与内部控制信息披露均显著正相关。这表明内部控制流程弥补了契约的不完备性，抑制了企业的食品质量风险。④不同制度环境下企业内部控制质量对食品安全信息披露水平的影响存在差异。制度环境能够改变企业从事某一行为收益或损失的衡量标准，从而影响企业的动机和决策偏好。就产权性质而言，企业内部控制质量对食品安全信息披露水平的影响在国有控股公司中表现得比非国有控股公司更为显著；就公司所处的行业而言，在产品市场竞争较强的行业，企业内部控制质量对企业食品安全信息披露水平的影响表现得更为显著。

摘　要

　　本研究可能的创新点和贡献在于：研究视角上，与现有多数文献从外部规制研究食品质量安全信息披露机制，着眼于如何强制企业披露食品安全信息不同，本书研究具体的内部控制机制对食品质量安全信息披露的作用机理，探讨促进企业自愿性披露食品安全信息。研究思路上，从食品安全信息披露切入，研究内部控制与非财务信息披露的关系，丰富内部控制经济后果的文献。研究方法上，采用内容分析法，考虑利益相关者关注的食品安全项目，构建了食品安全信息披露指数，较为准确地衡量食品安全信息披露质量。

　　关键词：内部控制；食品安全；信息披露；风险抑制

Abstract

As food quality and safety related to the health of consumers and social stability development, it is always the focus of government and public. However, Food safety incidents take place constantly in recent years, this raise public
concern about food safety. Take food as "experience goods"
and "credence goods", Scholars believe that information
asymmetry on food market and high transaction costs are the
main reason for the problem of food quality and safety. So an
important issue focused by theoretical research is what factors affect the disclosure quality of food quality and safety information. Consider enterprises as the recipient of government regulation, the current research seek factors from external public pressure. But the food quality and safety information is born in enterprise, so the quality of food safety information depends mainly on the internal mechanism of the
enterprise. Discussion on food safety information disclosure at
the perspective of internal control is helpful to solve the
problem of food safety from the supply front.

With a sample of food listed corporations at the Shenzhen and Shanghai Stock Exchange from 2011 to 2014, this
dissertation develops a theoretical framework for studying on

Internal control and food quality and safety information dis-
closure, which is based on the stakeholder theory, informa-
tion asymmetry theory and principal agent theory, and intend
to test the following questions empirically: ① Whether and
how internal control system impact on food quality and safety
information disclosure? ② Whether internal governance
mechanism restrains agency risk of management to stake-
holders? Which internal governance mechanism is positively
affects the food safety information disclosure? ③ Whether
internal control process design restrains the opportunism be-
havior of covenanter as well as prevents food quality and
safety risk?

This dissertation finds that: ① Internal control has pro-
moted the quality of food safety information disclosure. It has
become academic circles's common recognition for internal
control ensures the reliability of financial information disclo-
sure. Whether internal control improves the quality of non-fi-
nancial information? The conclusion of this paper shows in-
ternal control enhance the quality of food safety information
disclosure by inhibit agent risk and operational risk, which
means that research on internal control effectiveness can be
extended to non-financial information field. ② The internal
governance has a obvious effect to the food safety information
disclosure. the more perfect of internal governance, the high-
er quality of food safety information disclosure. It was also
verified that the internal governance mechanism can not only

restrain the opportunism behavior of management to share-holders, but also to stakeholders. ③Food quality and safety risk can be prevented by internal control procedures. Taking first grade indexes as alternative variable of internalcontrol process, this dissertation research the impact of internal control process on food safety information disclosure. The result shows that every first grade indexes indicator has obvious positive effect on food safety information disclosure. This means that the internal control process inhibit the risk of food quality by making up the incomplete contract. ④The effect of internal control quality on food quality information disclosure is different with institutional environment. The system environment can change the measurement standard of the income or loss of the enterprise, which will affect the motivation and decision preference of the enterprise. The effect of internal control quality on food safety information is more severe in state-owned enterprises from the perspective of property right. Others, the effect of internal control quality on food quality information is more severe in fiercely competitive industry.

The innovations and contributions of this dissertation mainly lie in its perspective, thinking and method. On research perspective, this paper studies the mechanism of internal control on food quality and safety information disclosure as well as discusses the promotion on voluntary disclosure of food safety information. This is differs to most of the existing literature which research food quality and safety information disclosure mechanism from the external regulation and focus on mandatory information disclosure. On research thinking, this article research the impact of internal control on non-financial information disclosure from the perspective of food safety information disclosure, which enriches the the consequences of internal control documents. On research method, this paper build a food safety information disclosure index to measure the quality of food safety information disclosure, which using the content analysis method.

Keyword: Internal Control; Food Safety; Information Disclosure; Risk Resistance

目　　录

第一章　引　言

1.1　研究背景与研究意义

1.1.1　研究背景

食品质量安全有关消费者身体健康和社会的稳定发展，是政府和公众关注的热点问题，被视为企业社会责任履行状况的重要内容。然而近年来频发的食品质量安全事件，诸如"三聚氰胺"、"双汇瘦肉精"、"肯德基速成鸡"、"福喜过期肉"等，引发了公众对食品安全问题的担心，53.3%的居民表示对食品质量安全状况不满意，食品质量安全问题已连续三年位居中国全面小康进程中"最受关注焦点问题"之首。[①]

基于食品"经验品"和"信用品"的特性，学者们认为食品市场信息不对称和交易成本过高是食品质量安全问题的主要诱因。研究表明，完整而真实的信息揭示能够有效阻止生产者的"逆向选择"行为、避免食品市场"柠檬问题"，从而提升食品市场效率、降低交易成本，是提高食品质量安全的有效途径（龚强等，2013）。由此，理论研究关注的一个重要问题是企业的食品质量安全信息披露水平受哪些因素

[①]　《小康》杂志联合清华大学媒介调查实验室"2014 年中国综合小康指数"调查结果。

影响。目前的研究更多地将企业视为政府规制的接受者，着眼于从外部公共压力层面寻求影响食品质量安全信息披露水平的因素，但食品质量安全信息产生于企业内部，食品安全信息的质量很大程度上取决于企业内部机制，而从更具体的企业内部制度层面研究食品质量安全信息披露影响因素的文献较为少见。

内部控制作为公司内部重要的制度基础和企业自律系统能否对食品质量安全信息披露水平存在正向影响？制度视角的内部控制建立和完善是特定企业契约主体多次合作博弈的结果，源于企业各利益主体对提升契约效率和降低交易成本的追求。有效的内部控制制衡企业内部各利益方，从而降低代理成本；完善内外契约关系，从而降低交易成本。就食品企业而言，内部控制对管理层机会主义风险和业务流程风险的控制和防范，能够有效抑制食品质量安全这种经营风险。出于提升契约效率和降低交易成本的考虑，内部控制有效的企业有意愿将食品质量安全这种"私人信息"转换为"公共信息"，以区别劣质公司，这种逻辑能否得到证实有待数据验证。

自美国颁布《萨班斯奥克斯利》法案，建立了内部控制评价与审计制度后，各国日趋重视内部控制制度的建设。以此为契机，我国财政部、证监会、审计署、银监会、保监会等五部委于 2008 年颁布了《企业内部控制基本规范》，2010年又颁布了《企业内部控制配套指引》。《企业内部控制应用指引第 4 号——社会责任》（2010）中提出，企业应当建立严格的产品质量控制和检验制度，为社会提供优质安全健康的产品和服务，对社会和公众负责，承担社会责任；将建立包括产品质量信息的企业社会责任报告制度作为企业履行社会责任的重要组成部分，要求企业向相关利益者披露产品质量信息。一系列规范的制定旨在提高企业经营管理水平和风险防范能力，促进企业可持续发展，维护市场经济秩序和社会公众利益。

在此背景下，学术界对内部控制展开了大量的研究，在内部控制财务经济后果方面，尤其是内部控制与财务信息质量的关系方面取得了大量的成果，但对内部控制与非财务信息质量的研究还不够深入。本书在前人研究的基础上，尝试研究内部控制有效性对食品质量安全信息披露的外溢效应，旨在构建链接企业内部治理与政府食品安全规制的理论分析框架，以丰富企业内部控制非财务经济后果的研究文献，为企业从内部治理角度提升食品质量安全水平提供理论借鉴。

1.1.2 研究意义

（1）理论价值

基于食品质量安全信息的准公共物品属性，多数学者从宏观政府政策和外部媒体压力视角研究政府、公众与企业的博弈关系。基于外部层面制度压力的研究将企业视为政府规制的接受者，忽略了企业对外部宏观政策的能动反应。本书尝试研究作为公司内部制度基础的内部控制制度对食品质量安全信息披露的影响，以丰富食品质量安全信息披露的文献。

现有的文献基于内部控制的本质特征探讨内部控制的经济后果，在财务报告可靠性、企业风险控制方面形成诸多有价值的成果，在内部控制与会计信息质量的关系方面也有诸多的讨论。基于相关利益者理论和契约理论，内部控制效应是否也可以外溢至非财务信息披露质量？本书试图探讨内部控制与食品质量安全信息披露的关系以丰富内部控制非财务经济后果的文献。

（2）实践意义

政府规制和媒体压力在食品质量安全信息披露中起到积极的作用，然而面对 50 多万家食品生产企业①，稀缺的公共执法资源显然难以应对。食品终究是由企业生产出来而不是政府规制出来的，食品安全信息披露的主体是企业而不是政府。企业是否能够生产安全食品并披露完整真实的信息不仅受政府规制的影响，更与企业的内部制度机制有关。探讨作为企业内部制度基础的内部控制对食品质量安全信息披露的影响，有助于从微观企业视角提升食品质量安全水平。

1.2 研究目的和研究方法

1.2.1 研究目的

本书将验证有效的内部控制是否对企业食品质量安全信息披露有正向影响作用，以利益相关者理论、信息不对称理论和委托—代理理论为基础，从内部控制环境和内部控制流程两个维度揭示内部控制对企业食品质量安全信息披露的作用机理，建立一个内部控制对食品质量安全信息披露外溢效应的整合理论分析框架。本研究将解决以下问题：作为公司内部治理机制的内部控制通过何种机理影响企业食品质量安

---

① 数据来源于《中华人民共和国 2014 年国民经济和社会发展统计公报》。

全信息披露，进而减少食品市场信息不对称？本书拟运用信息经济学理论，通过构建非均衡面板数据模型从内部控制环境和内部控制流程两个层面揭示其内在机理。如何测度企业食品质量安全信息披露水平？本书拟运用内容分析法从微观企业层面构建食品质量安全信息披露指数度量食品质量安全信息披露水平。

1.2.2 研究方法

文献研究法。通过收集国内外相关研究成果，归纳当前内部控和食品质量安全信息披露研究的进展和不足，为项目提供理论基础和方法依据。

理论分析法。在文献梳理的基础上，以利益相关者理论、委托—代理理论和信息不对称理论为基础，构建内部控制对食品质量安全信息披露外溢效应的整合理论分析框架。

计量分析法。基于数学推导和规范理论，建立非均衡面板数据模型，研究内部控制与企业食品质量安全信息披露的相关关系、两者关系的内在机理和内部控制制度的规制效果。

1.3 本书结构和研究框架

1.3.1 本书结构

共分为十章，各章的内容安排如下：

第一章引言。介绍选题背景、研究意义、研究目的、研究方法、研究框架及学术贡献。

第二章概念界定与研究文献评述。界定本书的两个核心概念——内部控制和食品安全信息披露。回顾已有相关领域的研究成果，梳理出内部控制经济后果、非财务信息影响因素与食品安全信息披露的研究脉络，并在此基础上引申出研究的问题。

第三章内部控制对食品安全信息披露的作用机理分析。介绍本书所依据的理论基础，包括利益相关者理论、信息不对称理论和委托代理理论；分析内部控制如何通过抑制代理风险和经营风险影响食品安全信息披露，为之后的实证研究奠定理论基础。

第四章内部控制和食品安全信息披露质量衡量。在全面回顾内部控制质量各种衡量方法的基础上，选择厦门大学构建的内部控制指数的方法对企业的内部控制质量进行全面衡量；采用"内容分析法"，借鉴 Clarkson 等的环境信息披露评分表的作法对食品安全信息披露水平打分，构建食品安全信息披露指数，衡量食品安全披露质量。

第五章内部控制质量、制度环境与食品安全信息披露。在前文理论分析的基础上，以 2011—2014 年在上海和深圳上市的食品类公司为研究样本，构建非均衡面板数据回归模型，研究内部控制有效性与食品质量安全信息披露的关系。

第六章内部治理结构与食品安全信息披露。在证明内部控制与食品安全信息披露关系的基础上，进一步研究作为内部控制环境重要组成部分的内部治理结构，抑制管理层与利益相关者之间的委托—代理关系，进而影响食品安全信息披露的作用机制。

第七章内部控制流程与食品安全信息披露。食品安全风

险是食品企业重要的经营风险，即使抑制了管理层的机会主
义行为，也可能由于各环节的疏漏和员工的自利行为而导致
质量控制系统失效，产品质量受损，影响食品安全信息的披
露。本章检验通过内部控制流程的设计是否能够防范食品质
量安全风险，以促进食品安全信息披露。

第八章食品安全信息披露、利益相关者信心与公司
价值。本章将对该研究进行延伸，检验食品安全信息披
露的经济后果，研究食品安全信息披露是否提升了公司
价值。

第九章行业环境、食品安全信息披露与权益资本成本。
本章探讨权益资本成本与企业食品安全信息披露之间的关
系，因为投资者回报要求的降低将反映在权益资本成本的降
低上。同时，权益资本成本在企业的财务和经营决策中也起
着至关重要的作用。

第十章结论、启示与未来研究方向。本章总结全书的研
究结论，指出研究局限性，并提出研究建议和后续研究
方向。

1.3.2 研究框架

本书试图探讨作为公司内部制度基础的内部控制如何影
响食品质量安全信息披露。通过构建模型，为分析内部控制
对食品质量安全信息披露的外溢效应构建一个整合理论分析
框架。基于该框架，开展以下实证研究：内部控制是否对食
品质量安全信息具有外溢效应，并从内部控制环境和内部控
制流程两个层面研究内部控制对食品安全信息外溢效应的作
用机理。具体研究框架如图 1-1：

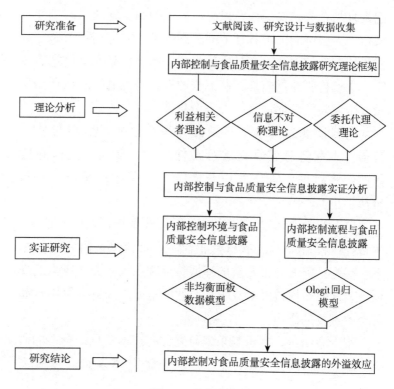

图 1-1 技术路线图

1.4 研究贡献和创新之处

本书可能的研究贡献和创新之处在于：

从食品安全信息披露切入，研究内部控制的非财务经济后果。目前学者们已经探讨了内部控制对会计信息披露质量的影响，然而很少研究内部控制与非财务信息披露的关系。本书在以往研究的基础上构建了内部控制与食品安全信息披露关系的理论分析框架，并从该理论框架推演出可以进行检验的假说，检验内部控制对食品安全信息披露的影响。

为从企业内部治理入手解决食品安全信息不对称问题提供了经验证据。现有多数文献从外部规制研究食品质量安全信息披露机制，着眼于如何强制企业披露食品安全信息。本书研究具体的内部控制机制对食品质量安全信息披露的作用机理，研究结论表明从企业内部治理视角，促进企业自愿性食品安全信息披露是更有效率的选择。

构建食品安全信息披指数衡量食品安全信息披露质量。研究食品安全信息披露的一个难点是如何度量食品安全信息披露质量，目前的文献中很难见到定量评价食品安全信息披露质量的指标。本书采用内容分析法，考虑相关利益者关注的食品安全项目，构建了食品安全信息披露指数，较为准确地衡量食品安全信息披露质量。

第二章 概念界定与研究文献评述

内部控制和食品质量安全是本书的核心概念。本章首先对这两个重要概念进行界定，然后回顾内部控制的经济后果、非财务信息披露和食品安全信息披露的相关文献，厘清内部控制与非财务信息披露的研究脉络，在对文献进行评述的基础上，引申出本书的研究问题。

2.1 概念界定

2.1.1 内部控制的概念

（1）内部控制制度的演进

内部控制这一制度安排并非起因于外部监管，而是为了将资源有效地配置于实现企业目标而形成的企业内部制度。这一制度受制于外部环境和内部契约，在外部环境和组织自身的推动下不断发展和完善。学术界一般将内部控制制度的演进分为以下几个阶段：内部牵制阶段、内部控制制度阶段、内部控制结构阶段、内部控制整合框架阶段和企业风险管理整合阶段。

从社会组织产生到20世纪40年代，内部控制一直处于内部牵制阶段。18世纪开始的工业革命加剧了社会分工，企业组织的形式也越来越复杂，促进了内部牵制的实践。1912 年蒙哥马利提出了内部牵制理论，该理论认为在组织中涉及财产物资和货币资金管理的工作，应该由至少两个人员处理，这种互相牵制的机制将大大降低个人或部门财务舞弊的概率。1936 年，美国会计师协会在发表的《独立职业会计师对财务报表的检查》中，指出内部牵制和控制的目的在于保护公司货币资金和其他资产、检查会计账簿的正确性。在内部牵制阶段，内部控制的主要内容是职责分工、业务流程的交叉检查和记录的交叉控制。

20 世纪 40—70 年代，内部牵制思想在与古典管理理论结合的过程中，逐渐系统化，演进为内部控制制度。内部控制目标也由内部牵制阶段的仅仅保护组织财产安全，发展为增强会计信息可靠性和提高经营效率。内部控制要素涵盖了组织结构、岗位职责、业务处理程序、人员素质和内部审计。这一阶段，内部控制被划分为内部会计控制和内部管理控制。内部会计控制是对资产保护和会计记录的制度设计；内部管理控制是对企业层面的组织规划、经济决策和交易授权的制度设计。政府和相关组织针对内部控制设计和实施出台了一系列的规章制度，较有影响力的是特别公告《内部控制——协作体系的要素及其对于管理层和独立公共会计师的重要性》(1949)、《审计程序公告第 19 号》(SAP No. 19，1953)、《审计程序公告第 54 号》(SAP No. 54，1972)、《审计准则公告第 1 号》(SAP No. 1，1972) 等。1974 年美国注册会计师协会（American Institute of Certified Public Accountants，AICPA）成立了审计师责任委员会，该委员会建议：公司管理层应当披露内部控制状况报告；审计师应对内部控制报告发布评价报告。尽管由于该提案受到强烈反对，美国证券交易委员会（Securities and Exchange Commission，SEC）于 1980 年撤销了该提案，但 SEC 仍然鼓励内部控制的自愿性评价和审计。在内部控制制度阶段，内部控制制度逐步体系化，并受到政府等管理当局的重视。

20 世纪 80 年代至 90 年代初，内部控制发展进入到内部控制结构阶段。这一阶段研究的重点不再是一般性概念而转向具体的内容。1988 年美国注册会计师协会（AICPA）发布了《审计准则公告第 55 号》（SAS No. 55），该准则取代了《审计准则公告第 1 号》。公告 55 号提出了内部控制结构的概念，将内部控制结构界定为"一系列的政策和程序"，用以保证实现企业特定的目标。明确了内部控制的三个要素：控制环境、会计制度和控制程序。控制环境是内部控制的基础，泛指对内部控制制度实施效率有重大影响的因素，具体包括治理层的职能、企业的组织结构、管理层的理念和经营风格、职责的划分、控制方法和人力资源政策等；会计制度指为确认、计量和报告经济业务，明确经济责任而规定的各种方法；控制程序是企业为保证目标的实现而建立的各种政策和程序，涵盖职责分工、适当授权、账簿和凭证的设置、记录和使用、资产及记录的限制性接触、已经登记的业务及其记录与复核等。这一阶段明确了内部控制包括内部控制环境，不再将控制环境作为内部控制的外部因素。学术界也逐渐认识到会计控制和管理控制互为补充和协调，不可分割，于是不再区分会计控制和管理控制，而是统一以内部控制要素来代替，从"制度二分法"阶段进入"结构三要素"阶段。

尽管内部控制结构阶段明确了内部控制的目标和要素，

但内部控制制度一直缺乏完整的框架。1985 年，美国五大会计协会共同建立了美国反虚假财务报告委员会（Treadway Commission），研究发现 50％的舞弊行为与内控缺陷相关。由此，其主办组织委员会（Committee of Sponsoring Organizations，COSO）于 1992 年出台了在内部控制历史上具有重大意义的《内部控制——整合框架》报告。这一报告建立了完整的内部控制框架，标志着内部控制进入到整合框架阶段。该报告界定了广为大家接受的内部控制的目标：为财务报告的可靠性，经营的效率和有效性，遵循适用的法律法规提供合理的保证。在内部控制制度的具体内容方面，将内部控制的三要素扩展为五要素：控制环境、风险评估、控制活动、信息与沟通、监督。但是该框架内容由于没有涉及资产保护而受到批评，1994 年 COSO 委员会做出了相应的补充。这一框架反映了企业内部和外部关系人对内部控制的要求，为各方面的利益相关人评价企业的内部控制提供了标准和依据，被各国实务界、理论界和监管机构所认可，成为内部控制的权威标准。21 世纪初美国发生的一系列财务舞弊案动摇了人们对资本市场的信心，在这一背景下，美国国会出台了《萨班斯法案》（Sarbanes-Oxley Act），法案第 302节和 404 节要求管理层建立和保持内部控制，并出具内部控制评价报告；要求审计师通过对内部控制进行测试，出具对管理层报告的评价意见。

　　《企业风险管理框架》的颁布标志着内部控制开始与风险管理相结合，进入到企业风险管理整合框架阶段。尽管 COSO 内部控制框架被广为认可，但随着市场风险的加大，学界和实务界认为该框架对风险的反映和控制不够。在此背景下，COSO 委员会在《内部控制整体框架》的基础上，参考《萨班斯—奥克斯法案》对内部控制报告的要求，吸收学界对风险管理的研究成果，制定并于 2004 年颁布了《企业风险管理框架》（Enterprise Risk Management Framework，ERM）。该框架将内部控制与风险管理整合在一起，指出在企业战略目标制定、分解和执行的全过程中应贯穿风险管理，以合理保证战略目标的实现。在内部控制五要素的基础上增加了目标制定、事项识别、风险反应三个要素，将内部控制五要素延展为风险管理八要素，内部控制管控风险的理念逐步为大家所接受。

随着企业经营环境和管理方式的变化，以及组织结构的不断演进，企业越来越关注公司治理和风险管理，并日趋重视非财务报告内部控制。2010 年 9 月，COSO 聘请普华永道会计师事务所（PWC）作为项目的支持方，着手制定新的《企业内部控制整体框架》。2013 年 5 月，COSO 发布新的内部控制框架。新框架在旧框架的基础上，提炼出内部控制五要素的 17 项总体原则，两者组合构成了内部控制的标准，适用于所有的组织。新框架扩大了报告目标的范畴，包括内部财务报告、内部非财务报告、外部财务报告以及外部非财务报告四类报告目标。新框架在报告对象和报告内容两个维度延展了旧框架的目标：在报告对象上，既包括外部投资者、债权人和监管部门，也包括董事会和经理层；既要符合监管要求，又要满足企业经营管理决策的需要。在报告内容上，除了包括传统的财务报告，还涵盖了市场调查报告、资产使用报告、人力资源分析报告、内控评价报告、可持续发展报告等非财务报告。新框架还强化了公司治理的理念，包括了更多的公司治理中有关董事会及其下属专门委员会的内容，强调董事会的监督对内部控制有效性的重要作用。新框架给使用者提供了更加全面、准确的内部控制概念、指引和案例。

（2）内部控制的定义

1949 年，美国注册会计师协会所属的审计程序委员会（CAP）发表了《内部控制——协作体系的要素及其对于管理层和独立公共会计师的重要性》的特别报告，首次对内部控制做出明确的概念界定："内部控制包括组织机构的设计和企业内部财务的所有协调方法和措施，旨在保护资产、检查会计信息的准确性和可靠性、提高经营效率，促进既定管理政策的贯彻执行。"

由于美国会计师协会 1949 年的定义过于宽泛，导致了审计人员不愿也不能对审查内部控制承担责任。1953 年 10 月，审计程序委员会又发布了《审计程序公告第 19 号》（SAP No.19），对内部控制作了如下划分："内部控制按其侧重点可以划分为会计控制和管理控制：会计控制由组织计划和所有保护资产、保护会计记录可靠性或与此有关的方法和程序构成；会计控制包括授权与批准制度；记账、编制财务报表、保管财务资产等职务的分离；财产的实物控制以及内部审计等控制。管理控制由组织计划和所有为提高经营效率、保证管理部门所制定的各项政策得到贯彻执行或与此直接有关的方法和程序构成。管理控制的方法和程序通常只与财务记录发生间接的关系，包括统计分析、时政研究、经营报告、雇员培训计划和质量控制等。"注册会计师应主要检测会计控制，无须对管理控制负责，这就减少了注册会计师的责任范围。

1953 年修订后的定义缩小了注册会计师的责任范围，但人们认为对"会计控制"的保护资产和保证财务记录可靠性这两点仍然可能发生误解。即对"保护"一词作广义的解释可能会使人们产生这样一种印象："决策过程中的任何程序和记录都可以包括在会计控制的保护资产概念中"。为了避免这种宽泛的解释，1972 年美国注册会计师协会（AIC-PA）对会计控制又提出并通过了一个较为严格的定义："会计控制是组织计划和所有与下面直接有关的方法和程序：保护资产，即在业务处理和资产处置过程中，保护资产遭过失错误、故意致错或舞弊造成的损失；保证对外界报告的财务资料的可靠性。"

1972 年，美国准则委员会（ASB）循着《证券交易法》的路线进行研究和讨论，《审计准则公告第 1 号》（SAS No. 1）中，对管理控制和会计控制做出了详细的定义："会计控制由组织计划以及与保护资产和保证财务资料可靠性有关的程序和记录构成。会计控制旨在保证：经济业务的执行符合管理部门的一般授权或特殊授权的要求；经济业务的记录必须有利于按照一般公认会计原则或其他有关标准编制财务报表，以及落实资产责任；只有在得到管理部门批准的情况下，才能接触资产；按照适当的间隔期限，将资产的账面记录与实物资产进行对比，一经发现差异，应采取相应的补救措施。管理控制包括但不限于组织计划以及与管理部门授权办理经济业务的决策过程有关的程序及其记录。这种授权活动是管理部门的职责，它直接与管理部门执行该组织的经营目标有关，是对经济业务进行会计控制的起点。"

上述内部控制的定义着眼于审计界，是一种纯技术的、专业化的、适用范围具有严格规定性的、防护色彩很浓的概念，它的主要宗旨是预防和发现错弊。这种为审计界认可的概念受到管理人员的攻击，他们认为会计控制和管理控制之间根本没有区别。凯罗鲁斯声称这不是一个对管理人员有用、为管理人员理解的内部控制定义。1992 年，美国 COSO 委员会《内部控制——整合框架》，视内部控制为以集合多方面需求和目标的内涵各要素的一个框架体系，提出内部控制的定义："公司内部控制是一系列的程序，其目的是合理保证能够实现以下的三个目标——企业经营的效率和效果、财务报告的可靠性、遵守相关的法律法规，内部控制主要受到董事会、经理层和一些其他人员的影响。"

我国财政部等五部委 2008 年颁布的《企业内部控制基本规范》沿袭了 COSO 的概念，将内部控制定义为"本规范所称内部控制，是由企业董事会、监事会、经理层和全体员工实施的、旨在实现控制目标的过程"。同时规定内部控制的目标是"合理保证企业经营管理合法合规、资产安全、财务报告及相关信息真实完整，提高经营效率和效果，促进企业实现发展战略"。我国的内部控制在《企业内部控制整合框架》三大目标的基础上，增加了合法合规和企业发展战略两大目标，不仅仅是一种财务报告内部控制，而是全面的内部控制。

（3）内部控制本质

随着内部控制制度和内部控制概念的演进，内部控制的本质也在发生变化。前期的研究认为保证资产安全和会计信息真实是内部控制发展的主线，会计控制是企业内部控制的核心（阎达五等，2001；朱荣恩，2001）。这种观点沿袭了内部控制制度阶段的理念，将内部控制局限于会计领域，实质上低估了内部控制的效能。近期的研究更认同内部控制的契约和价值创造功能。"契约论"认为内部控制本质上是一种持续均衡利益关系的装置，制衡关系决定了控制的结构为平等双方的相互牵制和制约的结构，企业内部控制的本质是用来弥补企业契约的不完备性（刘明辉、张宜霞，2002；林钟高，2007；谢志华，2009）。"价值创造论"认为，内部控制是内生于公司财务价值链之中的因素，内部控制的重点是实现公司战略和提高经营效率，其首要目标是服务于公司的价值创造（张先治，2002；李心合，2007；李万福等，2011）。"风险论"认为内部控制的本质是一种风险控制活动，在内部控制整体框架和企业风险管理整合框架阶段，内部控制的目的是控制企业全面风险（李维安、戴文涛，2013）。无论是"契约论"、"价值创造论"还是"风险论"均将内部控制置于企业的整体管理框架中，注重内部控制对企业长期战略发展的影响。事实上，基于相关利益者理论，学者们已经将内部控制的研究视角投向更广阔的领域。

2.1.2 食品安全信息披露的概念

（1）食品质量安全

食品安全是一个动态的概念，在不同的社会发展阶段、不同的历史时期、不同地域和不同社会文化传统下，对食品安全的界定也会不同。总体而言，对食品安全的认识大体经历了食品数量安全和食品质量安全两个阶段。1974 年，联合国粮农组织（FAO）在世界粮食大会上通过了《世界粮食安全国际约定》，首次提出"食品安全"的概念，此概念基于从数量上满足人们基本需要。

从质量上定义食品安全始于 1984 年，世界卫生组织（WHO）在《食品安全在卫生和发展中的作用》一文中，把食品安全定义为："生产、加工、储存、分配和制作食品过程中确保食品安全可靠，有益于健康并且适合人消费的种种必要条件和措施。"1996 年，WHO 在《加强国家级食品安全性计划指南》一书中重新界定了食品安全的概念："食品安全对食品按其原定用途进行制作和（或）食用时不会使消费者受害的一种担保"。2003 年，联合国粮农组织和世界卫生组织给出了大家广泛接受的概念："指所有那些危害，无论是慢性的还是急性的，这些危害会使食物有害于消费者健康"。我国《食品安全法》对食品安全的界定是"食品安全是指食品无毒、无害，符合应当有的营养要求，对人体健康不造成任何急性、亚急性或者慢性危害。"

由于目前的食品安全主要为食品质量安全，后文中不再区分食品安全与食品质量安全，均指食品质量安全。

（2）食品的信任品属性

Darby 和 Karni（1973）依据买卖双方在质量信息上的不对称程度，将商品划分为搜索品（search goods）、体验品（experience goods）和信任品（credence goods）。购买方在购买前就能确知质量的商品称为搜索品；在购买前无法确知但在购买后就能确知质量的商品称为体验品；即使在购买后也难以被买方确知质量的商品称为信任品。就食品质量安全而言，消费者可以颜色等辨别食品的外观，品尝食品的味道，但在消费后也难以知晓食品中是否含有致病性微生物、农药残留、兽药残留、重金属、污染物质以及其他危害人体健康的物质，无法得出食品是否安全的结论，即使之后出现健康问题也难以将病因明确归结于该食品。基于上述原因，不少学者将食品视为信任品。

（3）食品安全信息披露

基于食品的信任品属性，消费者若想确定该食品的安全程度，除非质量安全信息在购买前之前被可信地揭露，或者清楚该产品的生产加工流通等各环节是否符合规范标准，或者对样品进行专业的检测分析和推断。而消费者获取相关的评估信息或掌握相关的评估技能的成本是高昂的，作为个体的消费者不愿也难以承担。由此，生产者成为食品安全信息披露的主体。本书中，生产者的食品质量安全信息披露是指食品安全信息披露的水平，完全的信息披露意味着食品质量安全信息的披露要及时、客观、完整、准确、透明。及时主要指企业要把有关食品质量安全的信息在发生时就传递给利益相关者。客观、准确、透明指的是不隐瞒事件的真相，要把有关食品质量安全的信息无偏地传递给利益相关者，以便利益相关者做出正确的决策。完整主要指企业披露的食品质量安全信息既包括定性披露也包括定量披露，既包括好的也包括坏的讯息，不能进行选择性披露。后文中的食品安全信息披露均指食品质量安全信息披露。

2.2　文献回顾

2.2.1　内部控制的经济后果

自美国 2002 年 SOX 法案颁布以来，内部控制建设及披露成为公司治理改革的重点，前期学者们的研究主要集中在内部控制质量的影响因素方面，近年来逐步转向内部控制可能引发的经济后果研究，学者们从市场反应、资本成本、投资行为和会计信息质量等方面进行了研究。研究表明高质量的内部控制可以提升收入质量（Krishnan and Yu，2012），降低权益资本成本和债务融资成本（Dhaliwal，2011；Kim，2011；Costello and Wittenberg-Moerman，2011），提高盈利的持续性、增加未来现金流的可预测性（Altamuro et al.，2010），降低审计费用（Raghundan and Rama，2006；Hogan and Wilkins，2008），降低企业风险（Bargeron et al.，2010），抑制公司的非效率投资（Cheng et al.，2013）。但也有学者认为 SOX 法案也存在负面影响，内部控制条款的执行增加审计的风险与成本（Smith，2007），增加企业负担（Engel et al.，2007；Zhang，2007；Leuz et al.，2008），公司私有化交易频率加快（Engel et al.，2007）等。内部控制披露与股价之间没有明显的关系（Ashbaugh-Skaife et al.，2006；Hammersley，2005），存在内部控制缺陷的公司，其融资成本与其他公司并无明显区别（Ogneva et al.，2007），对分析师预测也没有明显影响（Beneish et al.，2008）。

就内部控制与信息披露质量的关系方面，学者们进行了大量研究。Doyle 等（2007）以应计质量作为信息披露质量的替代变量，考察内部控制缺陷对应计质量的横截面影响，研究发现内部控制公司层面的缺陷和在 302 条款下披露的缺陷与不能转换成现金流的低质量应计利润相关，而账户层面、易于被审计发现的内部控制缺陷以及 404 条款下的缺陷则不存在这种关联性。Ashbaugh-Skaife et al. (2008) 从横向和纵向两方面对两者的关系进行了研究，横向结果与Doyle 一致，内部控制缺陷公司具有较低的盈余质量，且同时拥有较高的正向和负向异常应计；纵向结果表明，内部控制重大缺陷的企业在以后年度得到纠正的企业，应计质量得到了显著的提高。Brown (2008) 运用德国数据，以上市公司对损失确认的及时性代表会计盈余质量，研究"会计信息控制与透明度"法的影响，结果表明内部控制制度提升了盈余质量。Choen et al. (2008) 以非金融公司的年度财务数据为研究对象，研究萨班斯法案实施前、中、后公司收入基础盈余、真实盈余和总盈余的变化，研究结果表示在萨班斯法案内部控制评价和审计制度建立之后，收入基础盈余管理行为减少，而真实盈余管理行为增加。Richardson et al. (2011) 引入了外部审计这一中间变量，采用路径分析的方法对内部控制缺陷与应计质量的关系进行研究，发现内部控制缺陷的数量越多导致应计质量越低，但同时外部审计的投入也会增多，这种审计投入的增加会改善企业的应计质量。Gho 和 Li 研究了内部控制质量与会计稳健性之间的联系，发现内部控制质量和会计稳健性之间具有正相关关系。Mitra et al. (2013) 通过比较 SOX 法案颁布前后的美国公司财报呈报，发现内部控制缺陷的公司在 SOX 颁布后的呈报更为稳健了，与同期没有内部控制缺陷的可比公司相比也更为稳健。其他一些学者的研究也表明内部控制降低盈余管理水平 (Carter et al., 2009; Hazarika et al., 2012)，减少内幕交易 (Brochet, 2010)，提升财务报告稳健性 (Goh and Li, 2011)。当然，也有一些研究认为萨班斯法案之前内部控制

报告的披露没有改变报告使用者对信息可靠性的认知
（Hermanson，2000；O'Reilly-Allen et al.，2002），这意味
着内部控制信息没有信息含量（Whisenant et al.，2003），
甚至降低小型上市公司的信息披露质量（Gao，2009）。

国内关于内部控制与信息披露质量的研究也得出较为一
致的结论。田高良等（2011）、吴益兵（2012）、范经华等
（2013）、段敏（2014）、彭珏等（2015）的研究发现，高质
量的内部控制能够增强盈余价值信息的价值相关性。肖华等
（2013）发现内部控制与盈余持续性呈现正相关。董望和陈
汉文（2011）的研究表明内部控制缺陷与盈余噪声和异常应
计相关，高质量的内部控制有助于抑制盈余管理行为。范经
华等（2013）研究内部控制和审计师行业专长对应计和真实
盈余管理的治理作用，研究发现高质量的内部控制有助于抑
制公司的应计盈余管理行为，但对真实盈余管理的抑制作用
较小。刘启亮等（2013）研究高管集权、内部控制与会计信
息质量的关系，结果表明公司的内部控制质量与会计信息质
量正相关。也有学者证明，高质量的内部控制并没有伴随着
高质量的盈余（张国清，2008；王美英，2010）。

2.2.2　非财务信息披露的影响因素

非财务信息披露数量的增多，引起了学者们的关注。在
股东利润最大化假设下，股东自愿披露非财务信息是基于降
低预测错误、减少盈余管理和提升股东价值的目的（Dhali-
wal et al.，2012；Kim et al.，2012）。已有的研究表明，高
质量的非财务信息披露与预测错误（Dhaliwal et al.，2011），
资金成本负相关（Leuz and Verrecchia，2000；Graham et al.，

2005；何贤杰等，2012），与公司投资效率显著正相关（曹亚勇等，2012）；增加了会计盈余信息含量（朱松，2011），提升了股票价值（Plumlee et al.，2008；Dhaliwal et al.，2011；沈洪涛、杨熠，2008），从而影响了投资者决策（翟华云，2012；徐珊、黄健柏，2014）。在相关利益者视角下，自愿性非信息披露的目的在于获得消费者认同，创造产品竞争优势，吸引和激励员工（Moser and Martin，2012；张正勇等，2012）。研究表明，公司通过披露非财务信息得到相关利益者的信任和好感，提升了竞争优势（Money and Schepers，2007），提高了公司声誉（Bear et al.，2010），获得更好的品牌忠诚度和员工忠诚度（Kotler and Lee，2005），减少了产品安全丑闻和消费者欺诈负面影响的风险（Salama et al.，2011），降低公司的资本成本（Dhaliwal et al.，2011），正向影响财务绩效（张兆国等，2013）。

Fekrat M et al.（1976）的代理理论提供了考察信息披露行为与公司内部治理关系的理论框架。在不完美市场中，管理者可能会滥用他们的权利损害股东和相关利益者的权利（Hermalin and Weisbach，1998），当外部治理失效时，内部治理在监督管理者方面将发挥关键作用（Li et al.，2008）。现有的研究表明公司内部治理结构的合理安排能够对自愿性信息披露产生一定的促进作用。学者们从董事会特征（Haniffa and Cooke，2005）、高管激励（Henry et al.，2011）和股权结构等方面进行了检验。Parker（2014）、Rodrigue et al.（2013）和 Pondeville et al.（2013）对不同公司的研究得到相同的结论，股东和管理者特征对非财务信息的披露有重大影响；Contrafatto and Buren（2013）认为利润最大化是非财务信息披露的硬约束；Arjalies and Mundy（2013）的研究表明可以用管理系统框架将非财务信息管理和公司战略管理融为一体；Moser and Martin（2012）认为如果非财务信息披露是为了社会而非股东的利益，非财务信息披露与公司内部环境毫无关系；Flammer（2015）认为如果将非财务信息披露作为公司战略的一部分，则非财务信息和公司内部环境之间存在积极的联系。

国内的学者认为公司治理结构的合理安排能够对非财务信息披露产生一定的促进作用，而产品市场竞争则对部分公司治理机制产生了替代或互补的效应（张正勇，2012；朱晋伟、李冰欣，2012；蒋尧明、郑莹，2014）；企业的股权性质会对其非财务信息披露产生影响（卢馨、李建明，2010；刘美华、朱敏，2014）；企业的规模和绩效也影响非财务信息的披露，规模越大、企业绩效越好的公司，越倾向于披露公司非财务信息（沈洪涛，2007；马连福、赵颖，2007）。更具体的研究证明，企业家学历、年龄、社会声誉与非财务信息披露水平之间存在显著的正向关系（张正勇、吉利，2013）。

2.2.3　食品质量安全信息披露

有关食品质量安全信息披露的研究多着眼于政府规制，从宏观角度探讨食品质量安全披露制度的构建。一些学者认为，基于食品安全信息的公共物品属性，政府具有信息供给义务（赵学刚，2011）。但以政府为主体的信息披露体制中存在披露主体"缺位"，政府"权力幻觉"及组织机构分散的问题（李红，2006）。"多部门监管"导致的职责不明不适应社会经济发展需要（鲁润芫、孙增芹，2014）。完全由政府承担食品安全信息传递，在信息范围和信息质量上均无法满足相关利益者需要（孔繁华，2010）。由于食品安全信息披露内容多源于企业内部，政府直接介入将带来较高的交易成本（刘鑫，2012）。以企业作为食品安全信息披露主体将更加全面和动态（吴林海、刘晓琳和卜凡，2011）。

生产成本视角的研究表明，当信息披露不产生成本时，高质量企业愿意披露产品信息以区别劣质企业，政府无需规制（Grossman & Hart，1980；Okuno-Fujiwara et al.，1990）。而信息披露成本通常并不为零，这时需要政府强制企业披露信息。Daughety & Reinganum（2005）的研究表明，强制企业披露信息，企业将投入更多研发力量提高产品安全，产品质量将高于不披露时的情形。龚强等（2013）的研究也表明强制企业披露食品安全信息，将大幅提高劣质企业的成本，激励劣质企业向优质企业转型，提升食品安全。然而，陈友芳、黄馒漳，2010）认为基于逆向选择理论，强制性监管难以有效解决食品安全信息不对称问题，应采用激励性监管方式，引导企业披露不同的食品质量安全信息，形成交易市场的"分离均衡"。Levin et al.（2009）和 Li et al.（2012）的研究也表明，当消费者未意识到产品的某些属性与产品质量相关时，企业有可能过度披露信息，而强制性信息披露将增加企业的信息披露成本，不利于企业发展。

政府规制之外，企业内部治理是否影响食品安全信息披露呢？换而言之，企业是否自愿披露食品质量安全信息？古川、安玉发（2011）认为食品生产企业要获得消费者信任并实现与低质量企业分离，必须披露更多的质量安全信息。

Viscusi（1978）和 Jovanovic（1982）发现，在信息披露需要付出成本的情况下，只有当产品质量达到一定水平，企业才有意愿主动揭示信息。姜涛、王怀明（2012）运用实证的方法证明中国政府规制的推进显著提高了食品企业食品安全信息披露水平，并进一步得出公司规模、盈利能力、公司最终控制人性质、董事长与总经理两职状态、高管的平均年龄和技术背景以及公司所处地区的法治化水平是与政府规制共同影响食品安全信息披露主要因素的结论。吴林海等（2011）的研究表明，通过增强质量信息透明度有助于明确供应链内企业的责任，企业发布食品安全信息的前提是收益稳定和能够有效规避机会主义引起的不确定性。

2.2.4　文献评述

上述文献研究表明，内部控制除了具有保障会计信息真实、控制制衡企业内部各方利益和控制企业风险的本质效能外，还具有增强企业社会责任等外溢效应。对于内部控制经济后果的研究已经十分丰富，但主要集中在内部控制本质效能的研究上，对内部控制外溢效应的研究还不多见。学者们探讨了非财务信息披露的动因，但对于企业内部制度影响非财务信息披露机理的研究还不够深入，较少进一步探讨作为企业内部制度基础的内部控制是如何影响非财务信息披露的。对作为非财务信息重要组成部分的食品质量安全信息披露的讨论则更多基于宏观规制角度，从微观企业角度进行探讨的文献尚不多见，而企业安全食品生产过程产生的信息流是食品安全信息的基础和出发点。由此，本书尝试在文献的理论基础上进一步探讨内部控制机制能否影响以及如何影响企业的非财务信息披露，从公司内部制度的视角探讨食品质量安全问题。

2.3　本章小结

　　本章对内部控制的发展历程进行了梳理，总结了各个阶段内部控制的特征，整理了各个权威机构对内部控制的概念。内部控制作为企业内部的一种机制，受到外部社会、经济和法律环境的影响，也遵循组织本身的发展规律。内部控制目标从最初的内部职责牵制逐步演进为防范企业风险，促进企业战略目标实现；内容从三要素扩展为五要素；报告也从财务报告延伸到非财务报告。基于食品信任品的特性，界定了食品质量安全和食品质量安全信息披露的概念，回顾了内部控制经济后果、非财务信息披露动因和食品质量安全信息披露的相关文献。内部控制质量正向影响财务信息披露的观点已为大多数学者所接受。内部控制质量是否影响非财务信息披露？本文尝试在内部控制与食品质量安全信息披露间建立联系。

第三章 内部控制对食品安全信息披露的作用机理分析

通过上一章对相关文献的梳理，我们发现国内外学者已经研究了内部控制本质效用的经济后果，然而对内部控制外溢效应的研究还很少涉及。考察内部控制与食品质量安全信息披露的关系可以将内部控制的研究延伸至非财务信息披露领域，更好地将内部控制与企业可持续发展的战略目标联结在一起。基于此，本章在相关理论的基础上构建内部控制与食品安全信息披露的框架体系，为之后的实证研究提供理论基础。

3.1 理论基础

3.1.1 利益相关者理论

利益相关者理论产生于 20 世纪 60 年代，该理论对股东利益为先的企业理论提出了挑战，认为公司的利益群体中不止有股东，还包括债权人、雇员、消费者、供应商等，企业的发展要求有各相关利益者的投入和参与，最终是要达到企业利益最大化而非股东利益最大化。因此，利益相关者理论强调要满足不同相关利益者而非股东的利益诉求，建立相应的机制协调相关利益者之间的利益冲突，实现企业整体效用的最优。

1963 年，斯坦福研究所（The Stanford Research Institute）给出了相关利益者最早的定义："相关利益者是指那些如果没有他们的支持企业组织将不复存在的群体。"这一概念界定了相关利益者涵盖的范围。Ansoff（1965）其著作《公司战略》中给出了对后人研究有重要影响的相关利益者概念，指出相关利益者的目标是"企业平衡各类相关利益者相互冲突的要求"，这些相关利益者包括管理者、工人、股东、供应商和贩卖商等。此后，对相关利益者的定义多达几十种，被分为广义和狭义两类概念。Freeman（1984）给出了经典的广义相关利益者定义："一个组织里的相关利益者是可以影响到组织目标的实现或受其实现影响的群体或个人。"这一概念的范畴相当宽泛，涵盖了影响企业目标的个人和群体以及受企业行动影响的个人和群体。广义的相关利益者概念包容一切，但由于范围过大而难以精确定量。也有部分学者采用了狭义的定义，以 Carroll（1993）、Blair（1995）和 Mitchell et al.（1997）提出的概念最具代表性。Carroll（1993）认为相关利益者指"那些企业与之互动并在企业里具有利益或权利的个人或群体"。Blair（1995）把利益相关者定义为"所有那些向企业贡献了专用性资产，以及作为既成结果已经处于风险投资状况的人或集团"。这些狭义的概念抓住了相关利益者的某一关键特征，Mitchell et al.（1997）将其总结为：权力（power）、合法性（legitimacy）和紧迫性（urgency）。相比较广义的概念，狭义的概念强调的是少数具有合法性的个人或群体。

Donaldson 和 Preston（1993）在多伦多会议上宣读的

《公司相关利益者理论：概念、证据和应用》一文被认为是搭建了相关利益者理论的框架。该文把相关利益者理论归纳为三大类：描述主义（Descriptive/Empirical）理论、工具主义（Instrumental）理论和规范主义（Normative）理论。描述主义理论用于"描述、解释（某种时候）和确定公司特征及行为"。工具主义理论"用于确认相关利益者管理与公司传统目标（如盈利能力和增长率）之间是否存在联系"。规范主义理论"用于说明公司职能，包括确定公司经营与管理的道德或哲学指南"。

总体而言，如何有效地识别和应对利益相关者的利益要求，是利益相关者理论与经济学、管理学和社会学结合研究的关键所在。利益相关者导向就是指企业关注各种利益相关者的利益的态度，并通过合理分配企业的资源来达到这些利益诉求的管理行为。

3.1.2 信息不对称理论

传统的古典经济学建立在信息对称的市场环境中，然而随着社会分工越来越细，专业化程度越来越高，不同行业间的信息差别越来越大，于是产生了信息不对称理论（Information Asymmetry）。信息不对称指在市场经济活动中，经济个体之间存在信息不均匀和不对称分布的状态，就某一交易对象而言，一些个体掌握的信息比另外一些个体多，拥有信息优势的一方就可能利用这种信息优势在交易中为自己谋利。随着市场交易的复杂化，信息不对称理论已成为研究市场行为的理论基础。

George Akerlof、Michael. Spence 和 Joseph. Stiglitz 三

位学者为信息不对称理论做出了突出的贡献。1977 年，George Akerlof 发表了《柠檬市场：质量的不确定性与市场机制》一文，该篇文章探讨了二手车交易市场中的信息不对称问题，提出了逆向选择理论。基本思想是由于签约双方信息是不对称的，在签订契约之前，拥有信息优势的一方会利用这种信息优势，以劣质的产品冒充优质的产品为自己谋利，导致商品的价格扭曲，最终市场上劣质商品充斥，优质商品被迫退出。此时质量信号决定了市场的状况，如果不能很好传递质量信号，优质的产品无法获得优价，市场就只能提供低质量产品，产生"市场失灵"问题。如果质量信号充分、有效、可靠，交易市场就能有效运转。Michael. Spence 在其著作《劳动力市场信号》（1973）和《市场信号》（1974）中提出了以信号传递模型解决"逆向选择"问题，指出信息优势方可以主动发送信息从同类中分离出来以获得补偿利润，通过信号传递机制的改善可以有效缓解信息不对称问题。Joseph. Stiglitz 认为也可以从信息劣势方入手，用信息甄别模型缓解信息不对称。处于信息劣势的一方可以通过对契约的特别设计，诱使信息优势一方被动地揭示信息。

信息不对称还可能产生道德风险。道德风险是指，由于契约双方行为的不透明性，在契约签订后，拥有信息优势的一方在履约过程中可能发生道德败坏行为，而使信息劣势的一方利益受到影响。现代企业中，所有权和经营权的分离以及经济业务的复杂性导致相关利益者不可能清楚地观察到管理者的行为，无法知晓管理者是否在为企业利益努力工作。基于理性经济人的自利行为，当管理者的个人利益和相关利益者的利益发生冲突时，管理者可能会产生损害相关利益者利益的机会主义行为。如果不能抑制管理者道德风险，将增大企业的经营风险，从而降低企业的价值。一般认为，缓解道德风险的方式是激励和监督。

3.1.3 委托代理理论

委托代理理论是契约理论的重要内容，是基于 20 世纪 60 年代企业内部信息不对称和激励问题的研究发展起来的。1976 年，Jensen 和 Meckling 提出了委托代理理论（Agency Theory），将委托代理关系定义为："一个人或一些人（委托人）委托其他人（代理人）根据委托人利益从事某些活动，并相应地授予代理人某些决策权的契约关系。"其中，委托人是指设计契约形式和内容的一方，选择对契约的形式和内容是否接受的一方被定义为代理方。

委托代理问题存在的根本原因是契约的不完备性和信息的不对称。契约理论认为企业是一系列契约的集合，契约界定了各种生产要素的权利和责任。但由于企业外部环境和内部机制的限制，契约签订方不可能设定所有的情境条件，也就无法在契约中详尽企业参与方的行为选择。由于企业契约无法达到完备，企业各参与方就存在相机抉择空间。在信息不对称的情况下，委托人在资源的使用权发生转移后，无法直接观测到代理人的行为，观测到的只是代理人的行为变量，而这些变量包含了代理人的自身行为和外部随机因素，从而无法评价代理人行为。委托代理双方利益目标函数又是不一致的，代理人就可能为了自身的利益而损坏委托人利益。

企业各参与方都是独立的利益主体，这意味着各方目标函数不同，利益诉求也不同。为了自身利益的最大化，各参与方在企业中展开博弈，将不可避免地发生利益冲突行为，由此产生了一系列的委托代理关系。斯蒂格利茨（1978）界定的委托代理关系是股东（所有者）与经理层（代理人）之间的关系，Jensen 和 Meckling（1976）则认为委托代理关系存在于每一个管理层级，公司是多重委托代理关系的集合体。在相关利益者视角下，企业的委托代理关系更为广泛和复杂，这就需要形成有效的内部治理机制制衡各方权利。为了减少代理成本，委托人将会采取必要的监督和和保证活动，比如审计、规范控制系统、预算限制和激励制度。

3.2 内部控制与食品安全信息披露分析框架

3.2.1 内部控制的本质与食品安全信息披露的目的

目的理论采用需求—动机—目的这一哲学逻辑来解释目的发展的全过程，运用该理论对食品安全信息披露的目的进行分析，研究内部控制对食品安全信息披露的联系，可以从本质上对两者关系做出深入的思考与讨论。

（1）相关利益者对食品安全信息披露的需求

从消费者视角，食品属于信任品，消费者即使在消费以后也无法知晓食品是否安全，在食品市场上，生产者拥有信息优势，一些生产者会利用信息优势以不安全的食品冒充安全食品，获得更高的收益。在交易双方信息不对称的市场中，消费者理性的选择是价廉而非质优的食品，除非消费者有确切的信息判断食品的优劣。由此，消费者基于食品的商品属性需要高质量的食品安全信息。

从政府的视角，食品质量安全属于公共物品。食品质量安全具有公共物品属性基于以下几个理由：首先，食品质量安全影响消费者身体健康，属于公共卫生的范畴，而公共卫生毫无争议地被认为是经典的公共物品之一；其次，安全食品生产厂商通过生产符合标准的食品给消费者带来的效用增加，当市场无法区分优劣质产品时，不安全食品生产厂商借助安全食品生产厂商的声誉获利，从而产生外部性。基于食品质量安全的公共物品属性，政府需要对食品质量安全规制以消除其外部性。而企业是食品质量安全的信息优势方，企业为了得到最大经济利益可能选择隐藏信息或者提供虚假信息；政府作为食品安全信息的劣势方，有限理性导致政府对食品质量安全的干预和调控能力有限，在信息不完全情况下做出的决策可能不是最优。由此，政府基于食品安全的公共属性需要充分和真实可靠的食品质量安全信息。

从投资人和债权人的视角，食品质量安全风险是企业重要的经营风险。政府的强力监管不仅让生产不安全食品的企业承担惩罚损失，还将承担资源损失，由于生产了不安全产品，被政府列入黑名单，将难以获得政府配置社会资源。生产不安全食品企业将遭受严厉的声誉惩罚，例如三鹿奶粉事件后整个乳制品行业的信任危机、双汇瘦肉精事件后肉制品行业的销量下滑等，而这种声誉风险将影响企业的长期可持续发展。基于投资和债权安全的考虑，投资者和债权人需要企业披露食品质量安全信息。

（2）企业食品安全信息披露的动机

相关利益者需要可靠公允的食品安全信息，企业是否有披露食品安全信息的动机？根据资本市场交易动机假说（Grossman，1981；Milgrom，1981），如果投资者和债权人不能充分了解企业的信息，将无法对企业当前和未来经营状况和盈利情况作出更为准确的判断和预测，从而增加风险预期，要求更高的投资回报率，从而导致企业融资成本的增加，降低公司价值，由此管理者有动机披露包括食品安全信息在内的所有私人信息。组织合法性理论认为企业披露非财务信息的动机是为了缓解合法性压力，向利益相关者表明其遵守社会契约的规定，从而获取组织需要资源以及可以继续生存和发展的合法性（Neu et al.，1998；O'Donovan，2002；Khor，2003）。资源基础理论强调，披露非财务信息可以与利益相关者建立良好的沟通渠道，给企业带来"诸如组织声誉等宝贵的、稀缺的、无法效仿和不可替代的资源"，获得消费者认同，创造产品竞争优势（Hart，1995；Hillman and Keim，2001；Mc Williams and Siegel，2011；Moser and Martin，2012）。

（3）内部控制与食品安全信息披露目的

无论是基于市场交易动机假说，还是组织合法理论和资源基础理论的食品安全信息披露动机，均建立在企业可持续发展的基础上，然而企业内部各方是否均以企业可持续发展为目标呢？管理层和员工均可能为了自身利益而做出与企业目标不一致的行为。这意味着尽管相关利益者有食品安全信息披露的需求，企业有披露食品安全信息的动机，但如果无法协调企业内部各方利益，也无法达成披露食品安全信息的目的。那么，企业通过何种机制可以制衡各方利益，达到食品安全信息披露的目的呢？内部控制从一产生就是组织设计解决委托—代理问题的一种机制，是内生于企业的生产经营活动，为了解决企业组织各科层间的代理问题，提高生产经营的效率和效果而采取的一种自发性行为。通过制衡和监督的制度设计，减少个人利益对企业整体利益的侵占，抑制谋取个人利益的机会主义行为。早期内部控制的目标是保护组织财产安全、增强会计信息可靠性和提高经营效率。随着不完全契约理论的出现，这种制度演进为弥补契约的不完备性。不完全契约理论认为企业是一系列契约的组合，然而企业不可能是完全的。这是由于契约各方的有限理性，无法完全预期未来事件和外在环境，同时过多的预测未来，并将措施达成协议并写入契约会存在较大的交易成本。此时，内部控制成为均衡各方利益的机制，而契约的双方不仅限于投资者与管理层、管理层与员工，而且延伸到与企业各相关利益方，包括投资者、债权人、供应商、销售商和监管部门等。内部控制的目标由重视保护组织财产安全转向控制企业风险，实现公司战略和提高经营效率。由此，我们构建了内部控制环境—抑制委托代理风险—披露食品安全信息，内部控制流程—抑制食品生产经营风险—披露食品安全信息两条路径，具体探讨内部控制对食品安全信息披露的保障机制。

3.2.2 内部控制环境与食品安全信息披露

如前文所述，基于企业可持续发展的理念，企业有披露食品安全信息的动机。然而，管理层基于自身利益的考虑，并不一定与相关利益者目标一致。已有的研究认为企业对质量安全生产行为动机受到制度环境、规制类型、强制力度、利益相关者要求等外部因素的影响。同时也受生产者的企业特征、企业战略、组织规模、组织学习、责任管理等内部因素的影响。企业外部动机受交易成本影响，内部动机与降低成本、增加利润密切相关。Caswell（1998）提出了一个将企业实施质量安全管理系统后获得的利润与企业为之付出的成本相比较的理论模型来分析企业采用质量安全管理体系的效率问题。其追随者从成本效益角度对生产企业安全行动效益进行定量评价，比较新技术所追加的成本以及采纳质量安全管理标准与方式所带来的品牌收益。这意味着基于成本效益的考虑，管理层可能违背相关利益者的意愿生产不安全的食品。按照"压力—机会—借口"理论，当管理者生产了不安全食品，又存在销售的压力，且短期内市场无法发现食品的不安全性，那么管理者的选择可能是不披露或披露不真实的食品安全信息，从而产生委托—代理风险。

抑制委托—代理风险的途径是激励和监督，内部控制环境建设即通过包括治理结构、机构设置及权责分配、内部审计、人力资源政策、企业文化等制度设计有效的制衡和激励管理层，减少管理者"道德风险"的机会。尤其是治理结构本身就是为保障出资人权益在公司内部通过组织程序明确股东、董事会和经理层之间的权力分配和制衡关系。股权结构和董事会的制度设计是对管理层的监督，有效的股权结构和董事会制度设计将保障管理层按照企业价值最大化的目标，披露真实公允的食品安全信息，但对于何种股权结构和董事会制度是好的制度设计，学界并未有一致的认识，我们将在下文讨论。抑制委托—代理风险的另一条路径是设计有效的激励约束机制，在委托人与代理人之间形成激励相容，达成两者目标的一致。股权激励就是治理结构中的激励机制，这种契约设计越合理，对管理层激励越充分有效，促使管理者为相关利益最大化服务，并通过提高食品安全信息披露程度来更好地展示其业绩和能力。

3.2.3　内部控制流程与食品安全信息披露

通过内部控制环境的制度安排抑制了管理层与相关利益者的委托—代理风险，但如前所述，食品质量安全风险是食品企业重要的经营风险，即使管理层和相关利益者目标一致，有意愿生产安全食品，也可能由于契约的不完备性为供应商、销售商、员工等带来的相机抉择空间，导致质量控制系统失效。例如，三鹿奶粉事件和"双汇瘦肉精"事件均源自企业与供应商的契约不完备。这种契约不完备给食品企业带来极大的经营风险，三鹿因此而破产，双汇发展 2011 年净利润同比下降 51.3％，营业收入下降 200 亿元①。内部控制是不完备契约的弥补机制，在企业风险管理整合框架阶段，内部控制被认为是一种风险控制活动，通过内部控制流程的设计防范食品质量安全风险，促进食品安全信息披露。具体分析如下：

风险评估是企业及时识别、系统分析经营活动中与实现内部控制目标相关的风险，合理确定风险应对策略。这一要素是对企业经营风险及时控制的基础，从原料、生产过程、

---

① 数据来源：双汇发展 2011 年年度报告。

运输、销售的全过程进行风险评估，并制定合理的企业风险评估标准，一旦发生高于风险控制标准的行为和事项，及时预警将减少食品安全风险的发生。控制活动是企业根据风险评估结果，采用相应的控制措施，将风险控制在可承受度之内。这一要素是对企业经营风险及时控制的要求，依据食品安全风险评估的结果，在每个风险节点建立相应的控制机制，抑制企业契约各方（包括供应商、员工、销售商等）的机会主义行为，降低食品安全风险发生的几率。信息与沟通是企业及时、准确地收集、传递与内部控制相关的信息，确保信息在企业内部、企业与外部之间进行有效沟通。这一要素有助于提供良好的信息收集渠道，及时发现公司内部控制机制在运行过程中可能出现的重大缺陷，也有利于沟通供应链的上下游关系，形成有效的产业链内部治理结构。内部监督是企业对内部控制建立与实施情况进行监督检查，评价内部控制的有效性，发现内部控制缺陷，应当及时加以改进。这是对内部控制执行的要求，对内部控制有效的评价是对控制信息有效的反馈。针对食品质量安全信息而言，如果没有有效的内部监督，那么管理者就无法获得食品安全信息披露是否有效的保证，以及内部控制措施是否需要进行调整和如何调整。

3.3 本章小结

相关利益者理论打破了传统的"股东利益至上"的公司理论，强调企业要满足不同相关利益者的利益诉求，建立相应的机制协调相关利益者之间的利益冲突。在企业外部环境日趋复杂的环境下，只有协调好各方利益者的关系，才能实现企业价值最大化的目标。在市场市场经济活动中，经济个体之间存在信息不对称，拥有信息优势的一方就可能利用这种信息优势在交易中为自己谋利，从而产生"逆向选择"和"道德风险"问题，信号传递和信息甄别被认为是解决信息不对称问题的机制。信息的不对称和契约的不完备性引发了委托代理问题，委托人在资源的使用权发生转移后，无法直接观测到代理人的行为，而委托代理双方利益目标函数又是不一致的，代理人可能为了自身的利益而损坏委托人利益。企业中包含了一系列的委托代理关系，投资者与管理层，管理层与员工等，在相关利益者视角下，形成了更多的委托—代理关系，这就需要形成有效的内部治理机制制衡各方权利。

基于以上理论基础，沿着需求—动机—目的这一哲学逻辑分析内部控制与食品安全信息披露目的的联系。消费者基于食品安全的商品属性、政府基于食品安全的公共属性、投资者和债权人基于食品安全的风险属性，需要充分和真实可靠的食品质量安全信息。企业基于降低融资成本，获取组织资源和建立声誉机制的考虑，有披露食品质量安全信息的动机。然而是否能达成食品安全信息披露的目的则需要制衡企业相关利益者各方的权利，因为在信息不对称的环境中，管理层和员工均可能为了自身利益而做出与企业目标不一致的行为。

内部控制被认为是制衡各方权利的有效机制，我们构建了内部控制环境—抑制委托代理风险—披露食品安全信息，内部控制流程—抑制食品生产经营风险—披露食品安全信息两条路径，具体探讨内部控制对食品安全信息披露的保障机制。内部控制环境建设通过包括治理结构、机构设置及权责分配等的制度设计有效地制衡和激励管理层，减少管理者"道德风险"的机会。尤其是治理结构，在股东利益最大化的公司理论视角下，抑制管理层对股东的机会主义方面的效用已被学界广泛证明。治理结构是否也能抑制管理层对其他相关利益者的机会主义行为？我们将在下文通过治理结构是否能够保障食品安全信息披露质量予以验证。食品质量安全风险是食品企业重要的经营风险，即使抑制了管理层的机会主义行为，也可能由于各环节的疏漏和员工的自利行为而导致质量控制系统失效，产品质量受损，影响食品安全信息的披露。在企业风险管理整合框架阶段，内部控制被认为是一种风险控制活动，通过内部控制流程的设计防范食品质量安全风险，以促进食品安全信息披露。

第四章 内部控制和食品安全 信息披露质量衡量

上一章我们构建了内部控制对食品质量安全信息披露作用的理论框架，作为两个核心指标，内部控制和食品质量安全信息质量的衡量，对后续实证研究对理论框架的验证有根本性的影响。由于国内外学者在内部控制质量衡量方面已做了大量研究，我们在总结国内外对内部控制质量衡量文献的基础上，选择内部控制质量衡量方法。而学界对于食品安全信息披露衡量的研究则较为少见，本章按照食品质量安全系统设计的原则，参照相关非财务信息披露的设计指标，构建食品质量安全指数衡量食品质量安全信息披露的质量。

4.1 内部控制质量衡量方法

4.1.1 以内部控制重大缺陷作为衡量指标

以美国为代表的西方国家主要是通过观察内部控制报告中包含的重大缺陷来度量内部控制质量（Ogneva et al., 2007；Bedard & Graham, 2011）。他们认为，内部控制质量的高低可以通过内部控制质量的披露集中地反映出来。美国的法律规章对内部控制缺陷及信息披露作了较为详尽的规定，COSO委员会将内部控制缺陷定义为"已经察觉的、潜在或实际的缺点，抑或通过强化措施能够带来目标实现更大可能性的机会"。美国公众公司会计监督委员会（Public Company Accounting Oversight Board，PCAOB）的第 2 号和第 5 号审计准则对内部控制缺陷进行了具体的分类，按照内部控制缺陷的严重程度将其分为重大缺陷（Material Weakness）、重要缺陷（Significant Deficiency）和控制弱点（Control Deficiency）三类，并对每种缺陷给出了具体的认定标准。同时，萨班斯法案强制要求美国上市公司披露内部控制报告，且在内部控制报告中必须披露公司是否存在内部控制缺陷。

在借鉴美国法案及相关配套法律法规的基础上，我国2010 年颁布的《企业内部控制评价指引》界定了内部控制缺陷，按照美国的做法，也将其分为重大缺陷、重要缺陷和一般缺陷三类。重大缺陷"是指一个或多个控制缺陷的组合，可能导致企业严重偏离控制目标"；重要缺陷"是指一个或多个控制缺陷的组合，其严重程度和经济后果低于重大缺陷，但仍有可能导致企业偏离控制目标"；一般缺陷"是指除重大缺陷、重要缺陷之外的其他缺陷"。指引只是给出了内部控制缺陷的分类的一般概念，并未给出具体的认定标准。同年颁布的《企业内部控制审计指引》，在第 22 条列出了审计人员判断内部控制可能存在重大缺陷的四个迹象："注册会计师发现董事、监事和高级管理人员舞弊；企业更正已经公布的财务报表；注册会计师发现当期财务报告存在重大错报，而内部控制在运行中未能发现该错报；企业审计委员会和内部审计机构对内部控制的监督无效。"之后颁布的《企业内部控制规范讲解》，对内部控制缺陷的认定和分类做了一些补充性说明，但总体而言，我国内部控制缺陷的划分和认定标准仍然缺乏较强的可操作性。

参照国外的做法，国内的一些学者以内部控制缺陷衡量内部控制质量。田高良等（2011）从账户水平的角度认定企业是否具有内部控制重大缺陷。刘亚莉（2011）按照《企业内部控制审计指引》第22条判断公司是否具有重大缺陷。但由于我国内部控制缺陷划分和认定的模糊性，也缺乏相应的惩罚措施，导致上市公司在披露的内部控制报告中更多的是泛泛的叙述，随意性较大，没有实质性的内容。2012—2014年，重大缺陷的披露比例分别仅为2.89％、1.61％和0.29％①。由此可见，西方国家的学者用内部控制重大缺陷作为内部控制质量的衡量指标，是基于萨班斯法案的强制要求，美国上市公司内部控制报告缺陷的披露相对全面和详细。而我国的制度环境下，内部控制重大缺陷披露的比例相对较低，内容也不够详尽，以内部控制缺陷来衡量上市公司的内部控制质量可能不够客观。

4.1.2 以内部控制指数作为衡量指标

由于缺乏高质量的内部控制缺陷披露数据，一些学者通过构建内部控制指数来衡量上市公司的内部控制质量。这种方法首先选择内部控制的衡量指标，然后按照一定标准对不同的指标赋予不同的权重，最后得出公司的内部控制水平综合得分，以指数分值的高低作为对内部控制质量的衡量。内部控制指数的构建一般基于内部控制目标实现程度或内部控制要素完善程度。Moerland（2007）构建的北欧国家内部控

---

① 数据来源：依据CSMAR数据库数据整理。

制指数，以内部控制信息披露数量的多少衡量内部控制的质量，某种意义上反映了内部控制信息披露的程度。Chil-Yang Tseng（2007）构建的企业风险管理指数，是按照风险管理的要素，依据风险管理的战略、经营、报告目标、合规性目标的实现程度建立。国内学者也尝试构建指标体系，衡量内部控制质量。朱卫东等（2005）运用神经网络法对企业的内部控制状况进行量化评价，以内部控制状况的特征信息作为神经网络的输入向量，综合评价结果的值作为神经网络的输出。骆良彬和王河流（2005）运用模糊评价系统内部控制系统，具体做法为：首先确定内部控制的评价指标，根据相应指标建立层次结构模型；然后确定各指标的影响程度和权重；之后构建各评价对象的隶属度矩阵；最后对各评价对象进行模糊评价。谢志华等（2009）构建的会计投资者保护指数，包括会计信息质量、内部控制、外部审计和财务运行四类指标，是一个综合的评价指标，认为内部控制是与会计监管、公司治理、财务运营密不可分的综合体。张先治和戴文涛（2011）按照内部控制五大目标的实现程度，构建了"董事会内部控制评价＋注册会计师财务报告内部控制审计＋政府监管部门（或非盈利性机构）内部控制综合评价"模型。深圳市迪博企业风险管理技术有限公司则是基于内部控制要素的完善程度，设计了包括 5 个一级指标、63 个二级指标的上市公司内部控制披露指数。

陈汉文教授主持的厦门大学内部控制指数课题组自2008 年开始编制中国上市公司内部控制指数。该指数借鉴国内外已有的内部控制评价方法，并结合我国上市公司内部控制的实际情况，以五部委颁布的《企业内部控制基本规范》和配套的内部控制指引作为指标设计的主要依据，同时参考《公司法》、《证券法》、《上市公司内部治理准则》、《上市公司章程指引》等相关法规的要求，设置 5 个一级评价指标，24 个二级评价指标，43 个三级评价指标，144 个四级评价指标，按照重要程度为每项评价指标赋值，最后用加权平均法得到内部控制指数。该指数采用百分制，理论上最高分是 100 分，最低分是 0 分，分值越高代表内部控制越好。具体的一级评价指标和二级评价指标如表 4-1：

表 4-1 内部控制指数的一、二级指标设置表

一级指标	内部环境	风险评估	控制活动	信息与沟通	内部监督
二级指标	公司治理	目标设定	不相容职务相分离及授权审批控制	信息收集	内部监督检验
	内部审计	风险识别	会计控制	信息沟通	内控缺陷
	人力资源	风险分析	财产安全控制	信息系统	内控信息披露行为
	道德修养和胜任能力	风险应对	预算控制	反舞弊	
	社会责任		运营分析控制		
	企业文化		绩效控制		
			突发事件控制		

该指数设计比较科学、全面地评价了上市公司的内部控制状况，并且为较多的科研工作者所运用，因此，本书采用

厦门大学内部控制指数课题组所设计的内部控制指数来衡量上市公司的内部控制质量。

4.2 食品安全信息衡量方法

4.2.1 食品安全信息披露指数构建的原则

（1）科学性原则

指数体系的设计要具有科学性。所谓科学性原则就是要求所构建的体系是客观的、准确的，并且要有依据。目前规范食品质量安全披露的法律法规主要有：《中华人民共和国食品安全法》、《中华人民共和国农产品质量安全法》、《中华人民共和国产品质量法》等有关食品质量的法规，《内部控制规范指引》中社会责任信息披露一章也包含了产品质量信息披露的要求，因此我们依据上述法规选取指标，以满足相关利益者对食品安全信息的需求，反映企业食品安全的真实状况。

（2）系统性原则

由于企业食品安全信息披露指标体系由诸多影响要素构成，因此所选取的指标要尽可能全面，尽量涵盖企业食品安全信息披露的主要内容，不能遗漏任何关键指标。同时为避免这些指标的零散，要依据一定的标准对这些指标进行分类，把它们纳入到一个整体中，将整个指标体系作为一个受到若干因素影响的、相对独立的系统，全面反映食品质量安全信息披露的综合水平。

（3）重要性原则

企业食品质量安全信息披露影响因子众多，这些因子的作用大小各不相同，食品质量安全信息披露指标体系很难涵盖到所有的影响因子，包罗了所有影响因子的指标体系也会因为太复杂而不具有实用性。因此在构建指标体系时，应选择具有重要作用的主导因子，在保证食品质量安全信息载荷量的前提下，尽可能地减少影响因子的数量，达到以简明的影响因素合理揭示食品安全信息披露质量的效果。

（4）可比性原则

信息披露应具有可比性，以供相关利益者通过比较做出决策。食品安全信息披露指标是对信息披露质量的评价，也要保证依据该指标得出的评价结果在不同企业间是可以比较的，同一企业不同时期也可以比较，以满足利益相关者决策的需要。同时，应保证不同的评价人依据该指标，按照相同的评价原则，对同一个企业的食品质量安全信息进行评价时，能够得出基本一致的结论。

（5）可操作性原则

这一原则要求指标体系构建应考虑可行性问题。过于复杂的指标尽管理论上完美，但实践中难以操作。因此在设计食品质量安全信息披露指标时，要综合考虑指标数据的可获得性、获取的时间长度以及信息获取的成本等因素，在满足指标设计的系统性和重要性要求的前提下，尽量选择相对容易获取并且易于量化的指标，保证所选指标需要的数据能够通过公司、政府或其他相关媒体公开披露的信息获得。

4.2.2 食品安全信息披露指数构建的方法

由于对食品质量安全信息披露的研究多为定性研究，国内外对食品质量安全指数的构建并不多见。国内仅有姜涛和王怀明（2012）采用"内容分析法"与"指数法"相结合的方法定义和计量上市公司食品安全信息披露水平。将上公司披露的食品安全信息归纳整理为食品安全法的贯彻和执行、食品安全形势分析、食品安全风险分析、食品安全控制措施、食品安全控制成效、食品安全控制金额和独立社会责任报告披露七个方面，每个方面赋予同等权重和分值，公司最高得分为 7 分，最低得分为 0 分。这一分类方法简单明了，但尚不能全面涵盖食品安全信息披露的内容。

尽管直接构建食品质量安全指数的文献并不多见，但对社会责任信息和环境信息的披露为我们提供了借鉴方法。衡量社会责任信息的方法有声誉指数法、指数法和内容分析法三种。声誉指数法是由专家学者对公司各类社会责任方面的相关政策进行主观评价，然后得出公司声誉的排序结果（沈洪涛，2005）。专家学者观点相对比较权威且能够保证评价标准的一致性，但具有较强的主观色彩，只适合小样本研究。Richardson and Welker（2001）、Haniffa and Cooke（2005）等学者运用指数法衡量社会责任信息：首先将公司所披露的企业社会责任信息分为大类；其次将大类划分为小类，定性和定量描述每个小类并进行赋值；最后对不同小类的得分进行汇总，得到社会责任信息披露评分。这一方法将大类分为具体的小类，对公司社会责任信息披露的衡量更精细，但定性和定量披露的赋值仍具有主观性。更多的学者运用内容分析法衡量公司社会责任信息。内容分析法是指收集公司公开的各类文件或报告记载的定性信息，对分析的内容分类并赋值，将每个项目的数值进行加总，得到公司社会责任信息的评分。这种方法将定性信息进行量化，衡量较为客观，但对要分析的内容进行分类时较为主观，因此分类的质量决定了该方法评价的质量。

基于上述探讨，我们采用"内容分析法"构建食品质量安全指数，由于分类的质量是"内容分析法"评分的关键，我们在参阅了大量文献后，借鉴 Clarkson 等（2008）对环境责任信息分类的方法。该方法突出了投资者和分析师所关注的项目，并考虑了各相关利益者的需求，指标内容较为系统合理，我们将在下文予以探讨。

4.2.3　食品安全信息披露指标的选取和分类

在确定了"内容分析法"的食品质量安全披露指标构建方法后，我们参考 Clarkson 等的做法，结合中国上市公司食品质量安全信息披露的内容，分为质量管理系统、可靠性、产品质量指标、展望和战略声明、自发食品安全行为五类确定食品质量安全披露指标。五类指标下设 17 个小类指标。这 17 项指标涵盖了企业管理层的食品质量安全理念、食品质量安全管理系统的设计、食品质量安全供产售的全过程控制、外部对企业食品质量安全的评价等食品质量安全的主要方面。

（1）质量管理系统

质量管理系统是生产安全食品的保障，这一指标设计可以了解企业在供产销三个主要阶段是否设置了食品质量安全控制系统。其中设置了两个小类，企业内部是否设置食品质量控制或管理部门，是否订立针对供应商和客户的食品质量条款，分别从企业内部和食品上下游控制食品质量安全。

（2）可靠性

可靠性指标用于评价食品安全信息披露质量的真实性，

从披露载体和外部评价两方面进行考量。披露载体是企业食品安全信息披露质量的外在形式，主要载体包括会计报告和社会责任报告。一般而言，社会责任报告中反映的食品安全信息更加详细和全面。食品质量安全绩效的外部奖励代表来自政府的肯定，参与特定行业协会或自发的食品质量改善活动代表行业的肯定。

（3）食品安全现状和绩效指标

食品安全现状和绩效指标是食品质量安全披露指标的核心，全面反映了企业食品质量安全水平，共分六小类。公司食品质量与业界同行比较的陈述能够让信息使用者了解企业在整个行业中的地位。食品质量认证是企业食品质量安全的外在表现，依据我国食品类上市公司的认证情况，我们将企业的食品安全认证划分为无公害农产品认证、绿色食品认证、有机食品认证、中国农业良好规范认证（GAP）和其他认证五类，每类赋值1分。针对食品质量安全风险的防控系统、食品质量全程监控和可追溯体系从不同的视角反映企业食品质量安全的防控能力。为提高食品质量安全在技术和研发上的花费反映企业的食品质量安全防控是否具有可持续性，这一指标从定性和定量两方面表述。食品质量合格率的表述反映了企业产品是否安全，从定性和定量两方面表述。

（4）展望和战略声明

展望和战略声明是企业食品质量安全可持续性的反映，分三小类指标。公司对食品质量政策、价值、原则和行为守则的陈述反映公司治理层和管理层对食品质量安全的重视程度，以及持续生产安全食品的意愿。关于食品质量风险的陈述反映公司是否对存在的食品质量风险有清楚的认识，能够评估所面临的食品安全风险。关于食品质量发明和新技术的陈述反映了公司未来控制食品安全风险的能力。

（5）自发食品安全行为

自发食品安全行为反映了企业对食品质量安全所作出的努力，更多地反映食品质量安全的理念是否得到实施。包括三小类指标。具体描述对员工食品质量管理和操作的培训，反映企业对员工食品安全生产能力的培养，质量层和管理层的食品质量安全理念是否实际执行最终取决于员工的执行能力。存在食品质量安全预警和事故应急方案反映企业事前和事后对食品安全的防控。内部的食品质量安全绩效奖励反映企业将食品安全生产与员工绩效挂钩，这是食品质量安全生产能否落实的保障。具体指标和赋值情况如表 4-2：

表 4-2　食品安全信息披露内容和赋值表

序号	披露内容	赋值说明
（一）	质量管理系统（最高 3 分）	
1	设置食品质量控制部门或质量管理部门（0～1 分）	设置质控或质管部门得 1 分，不设置得 0 分
2	订立针对客户和供应商的食品质量条款（0～2 分）	针对客户和供应商均订立食品质量条款得 2 分，仅与 1 方订立条款得 1 分，不订得 0 分
（二）	可靠性（最高 3 分）	
3	单独提供社会责任报告（0～1 分）	提供社会责任报告得 1 分，不提供得 0 分
4	食品质量安全绩效的外部奖励（0～1 分）	获得政府部门奖励得 1 分，不获得得 0 分
5	参与特定行业协会或自发的食品质量改善活动（0～1 分）	参与协会质量改善活动得 1 分，不参与得 0 分

序号	披露内容	赋值说明
（三）	食品安全现状和绩效指标（最高12分）	
6	公司食品质量与业界同行比较的陈述（0~1分）	有与业界比较的描述得1分，无得0分
7	食品质量认证（0~5分）	每项食品质量认证得1分
8	针对食品质量安全风险的防控系统（0~1分）	有防控系统得1分，无得0分
9	食品质量全程监控或可追溯体系（0~1分）	有全程监控或可追溯体系得1分，无得0分
10	为提高食品质量安全在技术和研发上的花费（0~2分）	有研发费用得1分，有具体数值加1分，无得0分
11	食品质量合格率的表述（0~2分）	有合格率描述得1分，有具体数值比例加1分，无得0分
（四）	展望和战略声明（最高3分）	
12	公司对食品质量政策、价值、原则和行为守则的陈述（0~1分）	有相关陈述得1分，无得0分
13	关于食品质量风险的陈述（0~1分）	有食品质量风险陈述得1分，无得0分
14	关于食品质量发明和新技术的陈述（0~1分）	有相关发明和新技术发明得1分，无得0分
（五）	自发食品安全行为（最高3分）	
15	具体描述对员工食品质量管理和操作的培训（0~1分）	有培训描述得1分，无得0分
16	存在食品质量安全预警和事故应急方案（0~1分）	有预警和应急方案得1分，无得0分
17	内部的食品质量安全绩效奖励（0~1分）	有内部绩效奖励得1分，无得0分

4.3 本章小结

内部控制质量衡量的方法主要有内部控制缺陷法和内部控制指数法两种。西方学者多采用内部控制缺陷法衡量内部控制质量是基于西方国家强制性的内部控制披露法规规制下，内部控制缺陷的披露比较详尽。我国由于相关法规实施时间较短，且对有重大内部控制缺陷但未披露公司的惩罚力度不够，导致内部控制缺陷披露不足，因此在我国运用内部控制缺陷法衡量内部控制质量不够客观。内部控制指数法有基于内部控制目标实现程度和内部控制要素完善程度两种构建方法，目前使用较多的是基于内部控制要素完善程度的方法。厦门大学内部控制组所设计的内部控制指数依据内部控制系统的原则，按照内部控制要素构建了 144 个指标，较为全面、科学地反映了企业的内部控制状况，也为许多学者所用。由此，本书选择厦门大学内部控制组设计的内部控制指数作为内部控制的衡量指标。

由于学界对食品安全信息披露的研究更多的是基于宏观视角采用定性分析的方法，用定量方法衡量食品安全信息披露的方法较为少见。本书借鉴社会责任信息披露水平的评价方法，依据科学性、系统性、重要性原则、可比性和可操作性原则，采用"内容分析法"构建了涵盖质量管理系统、可靠性、产品质量指标、展望和战略声明、自发食品安全行为五个方面 17 项指标的食品安全信息披露指数，衡量食品质量安全信息披露水平。

第五章 内部控制质量、制度环境与食品安全信息披露

在构建内部控制与食品质量安全信息披露的理论分析框架，选择和设计了内部控制质量和食品安全信息披露的衡量指标后，本章建立实证模型验证内部控制与食品安全信息披露的关系，并具体探讨制度环境对两者关系的影响，之后研究内部控制流程对食品质量安全信息披露的影响。

5.1 理论分析与研究假设

食品质量安全事件所引致的行业危机源自于消费者的恐慌。由于食品的"经验品"和"信用品"特质，消费者和生产者之间存在信息不对称，这种信息不对称是消费者恐慌的根源。由此，生产安全食品的企业有意愿披露更多的食品质量安全信息以区别于劣质公司。而在信息披露需要付出成本的前提下，企业是否能够生产足够安全的产品抵偿披露成本，取决于企业的内部制度体系。内部控制作为公司内部制度的基础，借助于代理机制和契约机制，制衡各方利益减少管理层"逆向选择"的风险，完善管理流程以减少"机会主义"风险，从而抑制食品质量安全风险，生产足够安全的食品。根据信号传递理论，内部控制

质量高的企业由于抑制了食品质量安全风险，有向市场传递信号的动机。同时，内部控制通过制衡机制的设计，防范管理层的机会主义行为，保障信息披露的真实性。因此，我们提出假设：

假设 1：内部控制质量较高的企业披露食品质量安全信息的水平高于内部控制质量较差的企业。

如果内部控制质量能够影响企业的食品安全信息披露，这种影响在不同的制度环境下也可能有所差异。因为制度环境能够改变企业从事某一行为收益或损失的衡量标准，从而影响企业的动机和决策偏好。就所有制而言，内部控制质量对企业食品安全信息披露的影响程度在不同产权性质的公司中可能存在显著差异。相较于民营企业，如果实际控制人为国有企业，受制于声誉机制，企业更注重承担社会责任，企业治理层更有意愿生产安全食品，并披露食品安全信息。治理层与管理层的委托代理关系成为制约食品安全信息披露的重要原因，而内部控制的实质是解决因所有权与控制权的分离而产生的代理问题（Shleifer A，1986）。内部控制质量高的企业降低了管理层在安全食品生产上的"逆向选择"和"道德风险"，从而内部控制质量对食品安全信息披露的影响可能更高。因此，我们提出假设：

假设 2：在国有产权企业，内部控制质量对企业食品安全信息披露的影响更为显著。

由于政府管制程度和市场竞争状况的不同，市场和政府在不同行业间表现出不同的组合关系。我们认为，企业内部控制质量对食品安全信息披露的影响在产品市场竞争较强的行业可能表现得为更为显著。因为竞争越激烈的行业,企业面临的竞争压力越大,食品安全的风险越大,三聚氰胺事件即为例证。而企业面临食品安全风险越大,内部控制防范风险的作用表现得就更为显著。公司在控制食品质量安全风险后,更有意愿披露食品安全信息以取得竞争优势。由此,我们提出假设:

假设 3:在产品市场竞争较强的行业,企业内部控制质量对食品安全信息披露的影响更为显著。

5.2　研究设计

5.2.1　样本选择和数据来源

(1) 样本选择

上交所和深交所分别于 2006 年和 2007 年发布内部控制指引,2011 年首批强制实施内部控制评价报告,公司内部治理也相应受到重视。因此,本书选择 2011—2014 年作为样本期间。按照证监会行业分类标志,选取上交所和深交所上市的主板、中小板和创业板中的农业、畜牧业、渔业、农副食品加工业、食品制造业和酒、饮料、精制茶制造业公司,共计 137 家上市公司的年度报告和社会责任报告作为样本。共得到 527 个年度观察值,其中,2011 年 126 个,2012 年 131 个,2013 年 136 个,2014 年 134 个。

(2) 数据来源

内部控制指数采用厦门大学内控指数课题组发布的中国上市公司内部控制指数 2011—2014 年的数据。食品安全信息披露数据从食品类上市公司 2011— 2014 年度报告和社会责任报告中搜集、整理，其他数据均来自 CSMAR 数据库。

5.2.2　模型设定及变量说明

（1）模型设定

我们从内部控制的角度考察食品安全信息的披露，参考之前非财务信息披露研究的模型（Pondeville et al.，2013；Flammer，2015），考虑食品安全披露指数为 0~13 的整数，且不呈正态分布，我们分别运用定序回归（Ologit）模型对食品安全信息披露水平和公司治理的关系进行检验。Ologit 模型用于研究在测量层次上被分为相对次序（或自然的排序）的不同类别，但并不连续的变量（定序变量）。定序Ologit 隐含了等比例发生假设，在每个次序类别的结果之间，自变量对因变量的发生比的影响是相等的，从而在一个累积次序到另一个累积次序之间，可以得到一致的回归系数。

$$FDI = \beta_0 + \beta_1 ICI + \beta_2 B/M + \beta_3 TBQ + \beta_4 SIZE +$$
$$\beta_5 AGE + \beta_6 OR + \beta_7 FR + \beta_8 YEAR + \varepsilon$$

（1）

（2）变量说明

本书以食品安全披露水平（FDI）作为因变量。采用"内容分析法"评价食品质量安全信息披露水平（FDI）。从上市公司年度报告中检索"食品安全"、"质量"、"追溯""培训"字样，对社会责任报告全文阅读，收集食品安全披露信息。为避免信息遗漏，随机抽取了 100 份进行复检，复检结果显示遗漏率为 1%。按照信息披露指数内容逐项评分，汇总得到企业食品安全信息披露水平的分值。编码的一致性和可靠性在内容分析法中是至关重要的，以确保分数的可靠性。为了保证食品安全信息披露得分的可靠性，我们随机抽取了 50 份年报，给每份年报两个独立的编码，告知实验者评分程序，然后由实验者给予评分，一致性达到83.33％。以往的研究认为一致性在 75％以上是可以接受的（Holder-Webb et al.，2009），说明我们保证了评分的客观性。

自变量内部控制水平采用厦门大学内控指数课题组发布的内部控制指数（ICI），并对其进行了对数处理。

在控制变量方面，借鉴已有研究文献，控制公司的经营状况和基本面。成长性越强的公司，可能更多地关注食品的市场占有率而忽视食品质量安全的管理，我们预期符号为负，借鉴 Hail 和 C Leuz（2006）的做法，用市值账面比（B/M）表示公司的成长性，高市值账面比反映未来成长机会的低不确定性。盈利能力（GRO）越强，越有更多的资源关注食品安全信息的披露，预期符号为正；公司的规模（SIZE）越大、上市时间（AGE）越长，声誉机制的约束越强，可能更多地披露食品安全信息，预期符号为正；经营风险越大的企业，食品质量安全披露风险也越大，披露的质量越低，预期符号为负。财务风险大的企业，可用的现金资源紧张，难以保障食品质量安全风险的质量，预期符号为负。同时，按终极控制人性质（FINSE）和市场竞争程度（HHI）设置了分类变量，并以 2011 年为基础，设置了年度哑变量。各变量的具体定义如表 5-1所示。

表 5-1 内部控制模型各变量定义

变量名称	经济含义	变量定义	变量类型
FDI	食品质量安全水平	食品质量指数	因变量
ICI	内部控制质量	内部控制指数的对数	白变量
B/M	成长能力	市值/账面价值	控制变量
TBQ	盈利能力	托宾 Q	控制变量
SIZE	公司规模	期末总资产的自然对数	控制变量
AGE	上市年限	公司上市到 2008 年的年数	控制变量
OR	经营风险	近三年净利润标准差与均值的比例	控制变量
FR	财务风险	资产负债率	控制变量
HHI	市场竞争程度	赫芬达尔指数	分类变量
FINSE	终极控制人性质	控制人为国有股 FIZSE=1，否则为 0	分类变量
YEAR	年度哑变量	虚拟变量	哑变量

5.3 实证检验结果分析

5.3.1 描述性统计

2011—2014 年的 527 个样本中，披露食品安全信息的 488 个，占全部样本额的 92.6％；披露食品安全信息的公司占比从 2011 年的 87.3％上升至 2014 年的 93.28％。我国上市公司食品安全信息披露的数量逐年增加，越来越多的公司开始注重食品安全风险，披露食品安全信息。但相较于财务信息披露，食品安全信息披露不够规范。表现为：在年度报告中披露的位置不固定，散见于公司概况、董事会陈述、年报附注等处；披露的内容也较为零散。食品安全信息中披露最多的为公司对食品质量政策、价值、原则和行为守则的陈述，占总样本数量的 80.83%，披露最少的为在技术和研发上的花费，占比 2.47%。具体见表 5-2。

表 5-2　食品安全信息披露评分表

序号	披露内容	披露样本数	占总样本比（%）
（一）	管理系统（最高 3 分）		
1	设置食品质量控制部门或质量管理部门（0～1 分）	254	48.20
2	订立针对客户或供应商的食品质量条款（0～2 分）	100	18.98
（二）	可靠性（最高 3 分）		
3	单独提供社会责任报告（0～1 分）	133	25.24
4	食品质量安全绩效的外部奖励（0～1 分）	180	34.16
5	参与特定行业协会或自发的食品质量改善活动（0～1 分）	58	11.01
（三）	食品安全现状和绩效指标（最高 12 分）		
6	公司食品质量与业界同行比较的陈述（0～1 分）	73	13.85
7	食品质量认证（0～5 分）	234	44.40
8	针对食品质量安全风险的防控系统（0～1 分）	148	28.08
9	食品质量全程监控和可追溯体系（0～1 分）	210	39.85
10	为提高食品质量安全在技术和研发上的花费（0～2 分）	13	2.47
11	食品质量合格率的表述（0～2 分）	63	11.95
（四）	展望和战略声明（最高 3 分）		
12	公司对食品质量政策、价值、原则和行为守则的陈述（0～1 分）	426	80.83

（续）

序号	披露内容	披露样本数	占总样本比（%）
13	关于食品质量风险的陈述（0～1分）	203	38.52
14	关于食品质量发明和新技术的陈述（0～1分）	64	12.14
（五）	白发食品安全行为（最高3分）		
15	具体描述对员工食品质量管理和操作的培训（0～1分）	101	19.17
16	存在食品质量安全预警和事故应急方案（0～1分）	42	7.97
17	内部的食品质量安全绩效奖励（0～1分）	31	5.88

厦门大学内部控制指数研究组的内部控制指数显示，中国上市公司的内部控制质量逐年提升，均值由 2011 年的 42.698 增至 2014 年的 46.785，这同我国内部控制制度的不断完善有关。食品类上市公司的内控质量低于上市公司的平均水平，平均低 2.55%。具体见表 5-3。

表 5-3　2011—2014 年内部控制指数均值表

年份	A股公司内部控制均值	食品类上市公司内部控制均值	差异绝对数	差异相对数（%）
2011	42.698	41.519	−1.179	−2.761
2012	43.803	42.948	−0.855	−1.952
2013	45.503	43.989	−1.514	−3.327
2014	46.785	45.780	−1.005	−2.149

我们还对近三年上市公司内部控制信息披露的整体情况进行了统计，以较为全面地反映我国内部控制状况。在《内

部控制指引》颁布后,上市公司披露内部控制评价报告的数量已经超过90%,2013年仅有2家上市公司未披露;出具内部控制评价报告的上市公司比例与披露内部控制评价报告的比例相近;在披露了内部控制评价报告的公司中,内部控制有效的比例在95%以上,2012年最高;在披露了内部控制评价报告的公司中,内部控制存在缺陷的比例在30%以下,2014年最低,为21.96%。这表明,相关的内部控制法规颁布后,上市公司披露了更多的内部控制信息,强制性信息披露在促进内控信息披露方面起到了重要作用。2012—2014年上市公司内部控制评价报告披露的总体情况如表5-4:

表5-4 2012—2014年上市公司内部控制信息评价报告情况表

项 目	2012年		2013年		2014年	
	披露数量	披露比例(%)	披露数量	披露比例(%)	披露数量	披露比例(%)
披露内部控制评价报告	2 247	90.17	2 358	99.92	2 700	98.11
出具内部控制评价报告结论	2 236	89.76	2 355	99.79	2 692	97.82
内部控制有效	2 238	99.60	2 249	95.37	2 680	99.26
内控存在缺陷	614	27.33	535	22.69	593	21.96

在《内部控制指引》颁布后,上市公司内部控制信息审计报告披露的数量也逐年增长,2014年增至78.04%。审计师也出具了相当数量的非标准审计意见,非标准审计意见逐年增长,2014年增至3.64%。非标准审计意见中,无保留

审计意见加事项段的比例最高，其次是否定意见的审计报告。这表明，审计师验证在内部控制信息披露中起到一定的鉴证作用。2012—2014 年上市公司内部控制审计报告披露的总体情况如表 5-5。

表 5-5　2012—2014 年上市公司内部控制信息审计报告情况表

项　　目	2012 年		2013 年		2014 年	
	披露数量	披露比例（%）	披露数量	披露比例（%）	披露数量	披露比例（%）
披露内部控制审计报告	1 511	60.53	1 804	76.57	2 143	78.04
标准审计意见	1 486	98.35	1 752	97.12	2 065	96.36
无保留审计意见加事项段	18	1.19	36	2.00	55	2.57
保留审计意见	0	0.00	0	0.00	0	0.00
保留意见加事项段	0	0.00	2	0.11	1	0.05
否定意见	5	0.33	13	0.72	20	0.93
无法表示意见	0	0.00	1	0.06	2	0.09

在披露内部控制缺陷的公司中，重大缺陷的披露比例逐年下降，2014 年降至 1.54%；一般缺陷的比例逐年上升，2014 年上升至 91.12%。这表明在《内部控制指引》颁布后，上市公司逐渐完善内部控制建设，重大缺陷逐步减少。2012—2014 年上市公司内部控制评价缺陷披露的情况如表 5-6。

表 5-6　2012—2014 年上市公司内部控制缺陷信息披露情况表

项　　目	2012 年		2013 年		2014 年	
	披露数量	披露比例（%）	披露数量	披露比例（%）	披露数量	披露比例（%）
一般缺陷	217	62.18	285	31.01	472	91.12
重要缺陷	67	19.20	96	10.45	38	7.34
重大缺陷	65	18.62	38	4.13	8	1.54

我们对模型中的变量进行了描述性统计。如表 5-7 所示，因变量食品安全指数最大值为 12，最小值为 0，表明企业披露食品安全的项目最多为 12 项，最小为不披露，说明不同公司食品安全信息披露情况存在较大的差异。自变量内部控制指数的均值为 43.706，最大值 63.320，最小值 3.808；对数均值为 3.750，最大值达到 4.148，最小值只有 1.337，说明不同企业的内部控制水平差异较大。内部控制的五项一级指标中，最大值和最小值之间的差异分别为 21.705 分、16.124 分、19.515 分、17.84 分和 15.755 分。

表 5-7　内部控制模型变量的描述性统计

变量名称	中位数	均值	标准差	最小值	最大值
FDI	4	4.850	3.525	0.000	12.000
ICI	3.798	3.750	0.265	1.337	4.148
SIZE	16.224	16.207	1.766	9.720	21.001
AGE	10	9.380	6.296	0.000	22.000
TBQ	1.922	2.154	1.329	0.329	15.714
OR	0.644	1.639	6.351	-4.871	115.256
FR	0.358	0.390	0.310	0.001	5.778
B/M	0.520	0.627	0.385	0.064	3.042

5.3.2　单变量相关性分析

在描述性统计的基础上，我们对单变量进行了相关性分析，结果如表 5-8 所示。自变量企业内部控制指数（ICI）与食品安全信息披露指数（FDI）显著正相关，初步证实了本书的假说 1，说明企业内部控制质量越高，企业食品安全信息披露程度越高。就控制变量来看，企业的食品安全信息披露水平与公司规模（SIZE）、上市年限（AGE）、财务风险（FR）显著相关。

表 5-8　内部控制模型单变量相关性分析

变量	FDI	ICI	B/M	TBQ	SIZE	AGE	OR	FR
FDI	1							
ICI	0.259***	1						
B/M	−0.019 0	−0.032 0	1					
TBQ	−0.051 0	−0.006 00	−0.687***	1				
SIZE	0.117***	0.189***	0.002 00	0.066 0	1			
AGE	−0.107**	−0.064 0	0.058 0	0.029 0	0.166***	1		
OR	0.063 0	0.008 00	0.024 0	−0.044 0	−0.046 0	0.037 0	1	
FR	−0.107**	−0.258***	0.516***	−0.313***	0.046 0	0.203***	−0.023 0	1

说明：①***，**，* 分别表示在 1%、5%和 10%水平下显著；②括号内是 P 值。

5.3.3　全样本检验结果分析

我们分别运用 Ologit 回归模型对食品安全信息披露水平和内部控制质量之间的关系进行检验。结果如表 5-9。

表 5-9　食品质量安全披露水平与内部控制质量的全样本回归

变量	因变量 FDI	
	OLOGIT 模型	固定效应模型
ICI	2.285***	4.170***
	(0.000)	(0.000)
B/M	−0.564	−0.573
	(0.122)	(0.402)
TBQ	−0.253**	−0.369**
	(0.010)	(0.033)
SIZE	0.139**	0.251**
	(0.024)	(0.016)
AGE	−0.028*	−0.053*
	(0.071)	(0.070)
OR	0.041	0.040
	(0.552)	(0.140)
FR	−1.165**	−2.123**
	(0.045)	(0.047)
YEAR	控制	控制
Pseudo R2	45.03	5.24
N	0.239	0.292
B/M	521	521

说明：①***，**，* 分别表示在 1%、5% 和 10% 水平下显著；②括号内是 P 值。

回归结果表明，在控制了其他变量后，公司的内部控制质量与食品质量安全信息披露水平在 1% 水平下显著正相关。证实了假设 1，表明企业内部控制质量的提升有利于企业食品安全信息的披露。五个一级指标内控环境与食品质量安全信息披露水平在 1% 水平下显著正相关，风险评估、控制活动、信息与沟通、内部监督均与食品质量安全信息披露水平在 10% 水平下显著正相关。这表明通过内部控制的流程设计，可以有效地保障 HACCP 等质量控制系统的实施，防控食品质量安全风险，从而促进食品安全信息的披露。从控制变量看，公司规模与食品安全信息披露水平正相关，与原假设相符；财务风险与食品质量安全信息披露水平负相关，与原假设相符。而与原假设相反，公司的盈利能力与食品质量安全信息披露负相关，这表明盈利能力出现问题的公司更倾向于披露质量高的食品安全信息，以向相关利益者传递食品安全的信息，提高企业未来的盈余。上市公司的年限与食品质量安全披露的质量负相关，意味着随着上市公司声誉机制的建立，忽视了食品安全信息的披露。

5.3.4 基于产权性质的进一步分析

为证实假设 2，我们根据公司的产权性质，按国有企业控股和非国有企业控股对样本进行分组，结果如表 5-10。

表 5-10 内部控制模型国有控制公司和非国有控制公司分组检验

变量	因变量 FDI	
	国有控股组	非国有控股组
ICI	2.143***	1.056*
	(0.010)	(0.062)
B/M	−1.611*	1.151*
	(0.061)	(0.082)
TBQ	−0.316	−0.115
	(0.260)	(0.418)
SIZE	0.142	0.226***

（续）

变量	因变量 FDI	
	国有控股组	非国有控股组
	(0.109)	(0.005)
AGE	−0.067**	−0.014
	(0.013)	(0.542)
OR	0.128	0.020
	(0.128)	(0.112)
FR	−0.063	−2.508***
	(0.948)	1.056*
YEAR	控制	控制
Pseudo R2	0.289	0.324
N	234	287

说明：①***，**，* 分别表示在1％、5％和10％水平下显著；②括号内是 P 值。

从表 5-10 的回归结果可以发现，国有控股公司样本的内部控制质量对食品安全信息披露水平的影响比非国有控股公司更为显著。在控制其他变量的条件下，非国有控股公司组内部控制质量分值每增加 1 个单位，食品安全水平会向好的方向增加 2.143 个 Logit 单位，而非国有控制企业组增加 1.056 个 Logit 单位，且国有控股组在 1％水平下显著，而非国有控股组在 10％水平下显著，证实了假设 2。控制变量中，财务风险在非国有控股组影响显著，而在国有控股组变现不显著，从另一个角度证明了非国有企业受融资约束较大。

5.3.5　基于市场竞争状况的进一步分析

为证实假设 3，我们根据公司所处的市场竞争环境，按竞争程度高的行业和竞争程度低的行业对样本进行分组。所处行业的竞争程度根据各行业的赫芬达尔指数（HHI）进行分组，将样本分为竞争程度高和低两组。结果如表 5-11。

表 5-11　内部控制模型行业竞争高低组分组检验

变量	因变量 FDI	
	竞争程度高行业组	竞争程度低行业组
ICI	6.159***	0.438**
	(0.000)	(0.015)
B/M	1.967	−0.161
	(0.239)	(0.539)
TBQ	0.423	−0.139*
	(0.203)	(0.078)
SIZE	0.178*	0.043
	(0.073)	(0.288)
AGE	−0.002	−0.065***
	(0.961)	(0.000)
OR	0.545**	−0.008
	(0.047)	(0.789)
FR	−2.009**	−0.464
	(0.046)	(0.189)
YEAR	控制	控制
Pseudo R2	0.335	0.251
P 值	0.000	0.000
N	112	409

说明：①***，**，* 分别表示在 1%、5% 和 10% 水平下显著；②括号内是 P 值。

从表 5-11 的回归结果可以发现，相对于竞争程度低的行业，竞争程度高行业的内部控制质量对食品安全信息披露水平的影响更为显著。在控制其他变量的条件下，竞争程度高的行业组内部控制质量分值每增加 1 个单位，食品安全水平会向好的方向增加 6.159 个 Logit 单位，而竞争程度低行业企业组增加 0.438 个 Logit 单位，证实了假设 3。

5.3.6 稳健性检验

为验证本书的研究结论，我们进行了稳健性检验。具体包括：①为防范内生性问题，我们对假设 1－3 进行了面板数据的固定效应模型回归检验，结果与上文基本一致，具体见表 5-12。②增加相关的控制变量，主要包括公司现金流动状况以及财务风险指标，研究结果与前文基本一致。③以公司内部控制质量得分的中位数为限，用哑变量表示公司的内部控制质量，通过回归分析检验假设 1－3，结果与前文基本一致。

表 5-12　内部控制模型固定效应回归检验

变量	因变量 FDI				
	全样本	国有企业组	非国有企业组	竞争程度高行业组	竞争程度低行业组
ICI	4.170***	4.267***	3.675**	10.320***	4.267***
	(0.000)	(0.008)	(0.011)	(0.000)	(0.008)
B/M	−0.573	−3.173*	3.439*	1.468	−3.173*
	(0.402)	(0.075)	(0.061)	(0.653)	(0.075)
TBQ	−0.369**	−0.711	−0.107	0.211	−0.711
	(0.033)	(0.237)	(0.810)	(0.739)	(0.237)

（续）

变量	因变量 FDI				
	全样本	国有企业组	非国有 企业组	竞争程度 高行业组	竞争程度 低行业组
SIZE	0.251**	0.307*	0.352**	0.219*	0.307*
	(0.016)	(0.096)	(0.029)	(0.074)	(0.096)
AGE	−0.053*	−0.141**	−0.015	−0.030	−0.141**
	(0.070)	(0.014)	(0.723)	(0.690)	(0.014)
OR	0.040	0.265	−0.262	0.041	0.265
	(0.140)	(0.134)	(0.235)	(0.187)	(0.134)
FR	−2.123**	−0.180	−4.380***	−5.133***	−0.180
	(0.047)	(0.927)	(0.002)	(0.009)	(0.927)
YEAR	控制	控制	控制	控制	控制
Pseudo R2	5.24	2.26	5.08	6.68	2.26
P 值	0.292	0.164	0.149	0.292	0.121
N	521	167.000	234	287	409

说明：①***，**，* 分别表示在 1%、5% 和 10% 水平下显著；②括号内是 P 值。

5.4　本章小结

本章以 2011—2014 年食品类上市公司为样本，构建非均衡面板数据回归模型，研究内部控制有效性与食品质量安全信息披露的关系。实证研究发现，企业内部控制质量越好，食品安全信息披露水平越高。对内部控制与食品质量安全信息披露关系的研究表明，有效的内部控制流程能够降低食品安全质量风险，从而促进食品安全信息披露。进一步研究表明，不同制度环境下企业内部控制质量对食品安全信息披露水平的影响存在差异。就产权性质而言，企业内部控制质量对食品安全信息披露水平的影响在国有控股公司中表现得更为显著；就行业竞争而言，在市场竞争较强的行业中，企业内部控制质量对企业食品安全信息披露水平的影响表现得更为显著。

第六章　内部治理结构与食品安全信息披露

上一章我们检验了内部控制有效性对食品质量安全信息披露的影响，验证了通过有效的内部控制设计，能够控制企业食品质量安全风险，促进食品安全信息的披露。本章从抑制委托—代理风险的视角，检验作为内部控制环境重要组成部分的内部治理结构对食品质量安全信息披露的影响，验证内部治理结构是否也能抑制管理层对其他相关利益者的机会主义行为。

6.1　理论分析与假设的提出

6.1.1　内部治理结构与食品安全信息披露

尽管政府负有在国家层面为食品安全信息披露设立监管框架的责任，但最终提供食品安全信息的是企业，由此需要从供给层面探寻食品安全信息披露的影响因素。企业自愿披露食品安全信息的目的在于降低公司内外的信息不对称，有助于消费者、政府、投资者等利益相关者对企业做出正确的评价和决策，从而降低交易成本，提升企业价值，增强企业的可持续发展能力。然而，在产品、劳动力和资本不完全竞争的市场中，在经营权与所有权分离的决策环境下，管理者可能会为自身的权益，滥用他们的权力影响和操纵食品安全信息的披露（Haniffa and Cooke，2002）；或者基于短期成本效益的考虑，忽视食品安全，而不披露食品安全信息。如何抑制管理者的这种代理行为是治理结构研究的重心，早期的内部治理结构以股东利益最大化为目标，注重研究投资者与管理层的代理关系；而现代公司理论以企业价值最大化为目标，内部治理演进为企业利益相关者之间激励约束的制度安排，相关利益者不仅包括股东和管理者，还涵盖了消费者、政府、供应商等。这种制度安排协调各方利益，抑制管理者的代理行为。相关研究表明，好的内部治理结构能够促进企业自愿性信息披露（张学勇，2010）。我们认为，有效的内部治理结构能够促进管理层基于企业可持续发展的目标，披露食品安全信息，提升客户价值。由此，我们提出假设1：

假设1：内部治理结构对食品安全信息披露水平有显著影响。

内部治理的核心内容包括董事会特征、高管激励和股权结构，我们从这三个层面具体探讨内部治理结构与食品安全信息披露的关系。

6.1.2　董事会特征与食品安全信息披露

董事会是保护企业和管理层之间契约关系的重要机制，董事会特征主要包括董事会规模、独立董事的比例和CEO二职合一。基于群体动力学，规模小的董事会在监督和控制管理层方面更有效率（Dey，2008），随着董事会规模的扩大，董事会成员之间沟通、协调的成本和难度会随之增加（Beasley，2001），董事会成员投机行为和"搭便车"的倾向也越高。然而，规模小的董事会成员工作量大，这对董事会监督职能的发挥有限制（John and Senbet，1998），整体的专业水平和经验能力不足，也容易诱发管理层的机会主义行为（Akhtaruddin et al.，2010）。同时，董事会的规模也受多种因素影响，包括行业、公司规模和业务复杂性等（Krishnan and Visvanathan，2009）。由此，学术界在何种董事会规模对管理层监督更有效率问题研究上存在分歧。基于食品类上市公司董事会规模低于整体上市公司水平，我们认为规模较大的董事会规模有利于食品安全信息的披露。

独立董事通常被认为是抑制管理层机会主义行为的一种有效治理工具。相较于执行董事，独立董事与公司管理层的联系更少，能更有效地监控管理层（Cheng and Courtenay，2006）。独立董事的薪酬并没有同公司的业绩和成长挂钩，更关注公司的长期可持续发展而非短期财务目标（Arora and Dharwadkar，2011）。此外，基于独立董事的身份表达，独立董事更关注自身的声誉。因此，高比例独立董事的董事会结构将更加支持食品安全信息披露以减少内外部信息不对称。以往的实证研究也证明，高比例独立董事的董事会结构更加支持社会责任投资行为（Johnson and Greening，1999），倾向于促进自愿性披露（Chau and Gray，2010）。但如果独立董事基于"面子"文化等因素，不能有效行使保护相关利益者权益的权利，充当"花瓶"的角色，则会削弱其在食品安全信息披露上的影响力。

董事长和总经理二职合一被认为是管理者强权的符号（Hermalin and Weisbach，2000），作为董事会主席有能力设置董事会议程，并影响提供给董事会其他成员的信息，为了避免与强权总经理的对抗，董事会可能更倾向于接受管理层的建议（Dey，2008）。代理理论和资源依赖理论认为二职合一不利于对管理层代理行为的抑制，可能弱化董事会的监督职能，对监控质量形成一种威胁，从而影响食品安全信息的披露。实证研究也表明，董事长与总经理二职合一与自愿性信息披露负相关（Chau and Gray，2010）。

由此，本书提出假设2：

假设2：董事会特征对食品安全信息披露有显著影响。具体包括以下3个子假设

假设2a：董事会规模正向影响食品质量安全信息披露水平。

假设2b：独立董事比例正向影响食品安全信息披露。

假设2c：董事长与总经理二职合一负向影响食品安全信息披露。

6.1.3 高管激励与食品安全信息披露

管理者的私人利益影响他们对食品安全信息披露的态度。依据委托—代理理论，约束代理人的自利动机、减少代理人的"逆向选择"风险，需要相应的激励制度。已有研究发现，有效的高管薪酬契约能够使得经理层与股东之间的价值取向产生激励相容，放弃谋取私利的动机（Henry et al.，2011）。一般认为，管理者的风险比股东小，但高管薪酬可能改变这一假设，激励管理层按照公司价值最大化的原则控制企业，实现企业经营控制目标的有效达成。管理者的薪酬比例越高，在公司持续的时间可能越长，关注的重心将移向长期绩效，由此有意愿降低公司的经营风险，披露更多的食

品安全信息。

适当的股权激励能够实现管理层与企业的风险共担，股权激励将管理者的风险等价于企业的风险，管理者为降低风险，有意愿与相关利益者协调，通过披露食品安全信息减少信息不对称，从而降低风险。但也有研究表明，股权激励与企业价值之间存在利益趋同效应和壕沟防守效应。高管持股比例低于 5％ 时，与企业价值正相关，在 5％～25％ 之间时与企业价值负相关。这表明高管持股比例在 5％ 以下时，具有正向激励作用；而超过一定比例，高管对企业的控制力增强，治理层对管理层的约束减弱，高管自利动机增加，企业价值降低（Randall，2011）。食品类公司高管的平均持股比例为 4.43％，我们认为，高管持股比例对食品安全信息披露具有正向激励作用。

由此，我们提出如下假设：

假设 3：高管激励影响食品质量安全信息披露。具体包括如下两个子假设：

假设 3a：高管薪酬比例正向影响食品质量安全信息披露。

假设 3b：高管持股比例正向影响食品质量安全信息披露。

6.1.4　股权结构与食品安全信息披露

股权结构决定公司控制权的分布，是内部治理结构的重要组成部分，不同的股权结构影响信息披露水平（La Porta，1999），而股权集中度和产权性质是股权结构的重要内容。股权集中度与自愿性信息披露质量的关系学界存在争议，一些学者认为股权越集中，股东对管理层的监督程度越高，自愿性信息披露的程度越高（Xiao and Yuan，2007），股权过度分散可能会导致内部人控制和股东的"搭便车"问题。而另外一些学者则认为，股东所有权与自愿性信息披露呈负相关关系，大股东持股比例越高，越倾向于侵占小股东利益，从而减少自愿性信息披露（Chau and Gray，1993）；当公司股权分散时，代理冲突加剧，外部股东希望更多的信息披露来减轻信息不对称程度，而代理人也希望通过自愿性信息披露向委托人传递他们努力工作的信号，因此股权分散有利于自愿性信息的披露（Chau and Gray，2002）。就食品安全信息的披露而言，在长期博弈和声誉机制约束下，治理层（股东等）基于企业可持续发展的战略理念，关注企业长期价值，考虑与政府的合作绩效以及企业声誉机制，应当更为关注食品质量安全风险。而代理人管理层却可能受绩效考核指标引导，更关注短期利润指标，产生食品质量安全违规的逆向选择和道德风险。从对代理人监督角度，股权越集中，监督程度越高。

实际控制人性质不同，对食品安全信息披露的影响程度可能不同。代理理论认为，国有控股会增加"内部人"问题，阻碍企业承担社会责任。而新制度理论认为，国有控股会给企业带来额外的资源，而这些额外资源附带了履行社会责任的义务（Joyce et al.，2005）。食品安全信息披露属于社会责任中的第二类，即该种责任的履行为社会带来正外部性。国有控股企业为获取额外的资源，可能会愿意履行该种责任以获取政府部门的信任和好感，因此会有更多的动力披露食品质量安全信息。

由此，我们提出如下假设：

假设 4：股权结构对企业社会责任信息披露水平有显著影响。具体包括两个子假设：

假设 4a：股权集中度对食品安全信息的披露有正向影响。

假设 4b：国有控股性质对食品安全信息披露有正向影响。

另外，我们没有将董事会开会频率作为公司治理的主要内容是基于以下考虑：董事会开会的频率虽然能在一定意义上表明董事会的勤勉程度，但董事会会议频率与公司的规模和业务复杂性更为相关，而我们在控制变量中控制了董事会规模。

6.2　研究设计

6.2.1　样本选择和数据来源

上交所和深交所分别于 2006 年和 2007 年发布内部控制指引，2011 年首批强制实施内部控制评价报告，公司内部治理也相应受到重视。因此，本书选择 2011—2014 年作为样本期间。按照证监会行业分类标志，选取上交所和深交所上市的主板、中小板和创业板中的农业、畜牧业、渔业、农副食品加工业、食品制造业和酒、饮料、精制茶制造业公司，共计 137 家上市公司的年度报告和社会责任报告作为样本。共得到 527 个年度观察值，其中，2011 年 126 个，2012 年 131 个，2013 年 136 个，2014 年 134 个。食品安全信息披露数据从食品类上市公司 2011—2014 年度报告和社会责任报告中手工搜集、整理，其他数据均来自 CSMAR 数据库。

6.2.2 模型设定和变量说明

（1）模型设定

食品安全信息披露指数是采用"内容分析法"评分得到，分值为 0～12，为多值离散型数据。根据国外近期文献，建立 Ologit 非线性回归模型来检验提出的研究假设。在分析中，为消除极值影响，我们按 1% 和 99% 的标准对连续变量进行双边 Winsorize 处理，食品安全信息披露指数为截尾数据，我们进行了单边 Winsorize 处理，采用 stata 软件对数据进行回归。

$$FDI_{cg} = \beta_0 + \beta_1 BS + \beta_2 PID + \beta_3 CMBD + \beta_4 MSHA +$$
$$\beta_5 MSALA + \beta_6 DR + \beta_7 FINSZ + \beta_8 SIZE +$$
$$\beta_9 ROE + \beta_{10} AGE + \beta_{11} RISK + \beta_{12} YEAR + \varepsilon$$

$$(1)$$

$$FDI_{cg1} = \beta_0 + \beta_1 BS + \beta_2 PID + \beta_3 CMBD + \beta_4 SIZE +$$
$$\beta_5 ROE + \beta_6 AGE + \beta_7 RISK + \beta_8 YEAR + \varepsilon$$

$$(2)$$

$$FDI_{cg2} = \beta_0 + \beta_1 MSHA + \beta_2 MSALA + \beta_3 SIZE +$$
$$\beta_4 ROE + \beta_5 AGE + \beta_6 RISK + \beta_7 YEAR + \varepsilon$$

$$(3)$$

$$FDI_{cg3} = \beta_0 + \beta_1 DR + \beta_2 FINSZ + \beta_3 SIZE + \beta_4 ROE +$$
$$\beta_5 AGE + \beta_6 RISK + \beta_7 YEAR + \varepsilon$$

$$(4)$$

（2）变量定义

以食品安全披露水平（FDI_{cg}）作为被解释变量，采用与第五章相同的方法评价食品质量安全信息披露水平。

参考国内外文献，以包括董事会特征、高管激励和股权结构三个方面的 7 个指标表示内部治理水平，作为解释变量，具体见表 6-1。

　　为避免模型错误，我们控制了额外变量。大规模（SIZE）公司对公众的影响较大，有可能受到强大的利益相关者群体监督，并面对更严格的监管要求（Barnea and Rubin，2010），因此公司规模可能正向影响食品安全信息披露。盈利能力（ROE）强的公司，有更多资源满足相关利益者的要求（Arora and Dharwadkar，2011），预期与食品安全信息披露正相关。高杠杆的公司可能需要保留一定的现金流偿还债务，从而影响食品安全信息披露的能力（Jo and Harjoto，2011），但也有研究表明杠杆和自愿性信息披露无关（Barnea and Rubin，2010），我们不做预期判断。上市时间（AGE）长的公司，企业的声誉越高，可能更少依赖食品安全信息披露以获得相关利益者信任，预期与食品安全信息披露负相关。本书以 2011 年为基础，设置了年度哑变量。各变量的具体定义如表 6-1 所示。

表 6-1　内部治理结构模型变量及其定义

变量名称		经济含义	变量定义
因变量	FDI_{cg}	食品安全披露水平	对食品安全信息披露水平评分
董事会特征	BS	董事会规模	董事会总人数
	PID	董事独立性	独立董事人数/董事会人数
自变量	高管激励 CMBD	两职兼任	董事长兼任总经理 GMBD=1，否则取 0
	MSHA	高管持股比例	高管持股数量/总股数
	MSALA	高管薪酬比例	高管薪酬数量/职工薪酬数量
	股权结构 DR	前五大股东持股比例	前五大股东持股数量/总股数
	FINSE	终极控制人性质	控制人为国有股 FIZSE=1，否则为 0

（续）

变量名称	经济含义		变量定义
	SIZE	公司规模	期末总资产的自然对数
	ROE	盈利能力	净资产收益率
控制变量	RISK	财务风险	息税前利润变动率/每股收益变动率
	AGE	上市年限	公司上市的年数
哑变量	YEAR	年度哑变量	虚拟变量

6.3 实证检验结果分析

6.3.1 描述性统计

表 6-2 为主要变量的统计性描述，食品安全指数最大评分为 12，最小评分为 0，均值为 4.850 1，这表明上市公司平均披露了不足 5 项食品安全信息，食品安全信息披露水平还偏低。董事会规模在 5～11 之间，平均值为 8.696 4，小于上市公司的平均值 8.868 9，说明食品类公司董事会规模偏小。独立董事占董事会人数的比例平均值为 37.27%，这与我国证监会的法规相符。高管持股比例均值为 4.43%，低于 5%，表明食品公司高管的薪酬激励偏低。高管薪酬比例均值为 1.52%，低于上市公司整体水平 3.5%。前 5 大股东持股比例均值为 52.69%，低于上市公司整体水平 59.81%。

表 6-2　内部治理结构模型变量的描述性统计

变量名称	均值	中位数	标准差	最大值	最小值
FDI	4.850 1	4	3.525 3	12	0
BS	8.696 4	9	1.508 8	11	5
PID	0.372 7	0.333 3	0.051 1	0.5	0.333 3
MSHA	0.043 2	0.018 6	0.099 9	0.372 4	0
MSALA	0.015 2	0.008 3	0.017 2	0.060 8	0.000 1
DR	0.526 9	0.561 2	0.157 2	0.758 8	0.208 5
SIZE	16.224 7	16.223 7	1.573 0	19.283 6	13.411 9
ROE	0.076 8	0.063 4	0.103 1	0.301 8	−0.146 9
AGE	9.379 5	10	6.295 6	22	0
RISK	1.245 6	1.048 9	0.593 0	3.076 4	0.490 2

注：上市当年赋值为 0。

6.3.2　单变量相关性分析

在描述性统计的基础上，我们进行单变量的相关性分析，相关性分析结果如表 6-3 所示。独立董事比例（FDI）、高管持股比例（MSHA）、股权集中度（DR）与企业食品安全信息披露指数（FDI）显著正相关。就控制变量来看，企业的食品安全信息披露水平与公司规模（SIZE）、盈利能力（ROE）、上市年限（AGE）显著正相关。

表 6-3　内部治理结构模型单变量相关性分析

变量	FDI	BS	CMBD	MSHA	MSALA	DR	SIZE	GRO	ROE	AGE
BS	0.049	1								
CMBD	0.069	−0.102**	1							
MSHA	0.166***	−0.100**	0.43***	1						
MSAL	−0.019	−0.152***	0.065	0.069	1					
DR	0.207***	0.019	−0.040	0.117***	−0.091**	1				
SIZE	0.117***	0.201***	−0.024	−0.125***	−0.500***	0.219***	1			
GRO	0.038	0.015	0.022	0.024	−0.002	0.078*	0.0710	1		
ROE	0.023	0.027	−0.037	−0.022	−0.023	0.005	0.0680	−0.008	1	
AGE	−0.107**	0.185***	−0.248***	−0.429***	0.035	−0.451***	0.166***	−0.02	0.030	1
RISK	0.046	0.089**	0.030	0.014	0.023	0.001	0.075*	0.033	0	−0.02

说明：***，**，* 分别表示在 1%、5% 和 10% 水平下显著。

6.3.3　全样本检验结果分析

表 6-4 报告了食品安全信用披露水平与公司治理的 Ologit 回归结果。模型 1 研究食品安全信息披露与公司治理的关系，模型 2 研究食品安全信息披露与公司治理中董事会特征的关系，模型 3 研究食品安全信息披露与公司治理中高管激励的关系，模型 4 研究食品安全信息披露与公司治理中股权结构的关系。

表 6-4　内部治理结构与食品安全披露水平全样本回归

变量	模型 1 内部治理结构	模型 2 董事会特征	模型 3 高管激励	模型 4 股权结构
BS	0.079	0.106*		
	(0.204)	(0.083)		
PID	3.693**	3.665**		
	(0.043)	(0.039)		

（续）

变量	模型 1 内部治理结构	模型 2 董事会特征	模型 3 高管激励	模型 4 股权结构
CMBD	−0.015	0.109		
	(0.941)	(0.557)		
MSHA	2.816***		2.415***	
	(0.005)		(0.008)	
MSALA	18.097**		19.153***	
	(0.013)		(0.008)	
DR	1.415**			1.499**
	(0.025)			(0.012)
FINSE	0.312			0.166
	(0.106)			(0.357)
SIZE	0.250***	0.133**	0.346***	0.111**
	(0.007)	(0.016)	(0.000)	(0.048)
ROE	1.431*	2.032***	1.630**	1.844**
	(0.082)	(0.009)	(0.042)	(0.021)
AGE	0.037**	0.055***	−0.047***	−0.041**
	(0.049)	(0.000)	(0.002)	(0.013)
RISK	0.019	0.032	0.023	0.010
	(0.882)	(0.797)	(0.859)	(0.938)
YEAR	控制	控制	控制	控制
Chi2	0.000	0.000	0.000	0.000
LR Chi2	77.86	58.04	65.29	60.70
Pseudo R2	0.31	0.224	0.26	0.234
N	521	521	521	521

说明：①***，**，* 分别表示在 1%、5% 和 10% 水平下显著；②括号内是 P 值。

在模型 1 中，自变量独立董事比例、高管股权激励、高管薪酬激励和股权集中度显著正向影响食品安全信息披露水平，控制变量公司规模、盈利能力与食品安全信息披露正相关，上市年限与食品安全信息披露水平负相关，与假设相符，假设 1 得到证明。在模型 2 中，董事会规模和独立董事比例与食品安全信息披露水平显著正相关，表明董事会规模越大、独立董事比例越高，食品安全信息披露水平越高，董事会特征对食品安全信息披露有显著影响，假设 2 得到验证。但董事长和总经理两职合一对食品安全信息披露的影响不显著，我们在股权性质的分组检验中对该问题进行了进一步讨论。在模型 3 中，高管的股权激励和薪酬激励均对食品安全信息的披露水平产生了显著的正向影响，表明高管激励对食品安全信息披露有显著正向影响，假设 3 得到验证。该结果表明，在食品安全信息披露这一代理问题上，激励比监督更为有效。在模型 4 中，前 5 大股东持股比例显著地影响了食品安全披露水平，这表明当股权较为集中时，股东更关注企业的长期发展，有意愿披露食品安全信息，且股权集中度较高时，股东对管理层的控制力更强，假设 4 得到验证。

6.3.4 基于股权性质的进一步分析

为进一步探讨股权性质对食品质量安全信息披露的影响，我们分国有控股组和非国有控股组进行了 Ologit 回归检验，表 6-5 报告了检验结果。

表 6-5　基于股权性质食品安全披露水平与公司治理回归

变量	因变量 FDI	
	国有控股组	非国有控股组
BS	0.080	−0.126
	(0.433)	(0.169)
PID	10.949***	−4.088
	(0.000)	(0.146)
CMBD	1.844***	−0.578**
	(0.000)	(0.020)
MSHA	32.771	3.630***
	(0.659)	(0.000)
MSALA	40.511***	2.528
	(0.002)	(0.717)
DR	3.131***	0.285
	(0.003)	(0.741)
SIZE	0.219	0.275**
	(0.118)	(0.040)
ROE	2.351**	−0.010
	(0.031)	(0.994)
AGE	−0.049	−0.031
	(0.124)	(0.254)
RISK	0.033	−0.156
	(0.804)	(0.553)
YEAR	控制	控制
Chi2	0.000	0.000
LR Chi2	91.1	39.9
Pseudo R2	0.316	0.294
N	226.000	279.000

说明：①***，**，* 分别表示在 1%、5% 和 10% 水平下显著；②括号内是 P 值。

在国有控股组中，独立董事比例、董事长与总经理二职合一、高管薪酬激励、股权集中度与食品安全信息披露显著正相关，并且均在1%水平下显著。高管股权激励与食品安全信息披露不相关的原因是，国有控股企业股权激励比例较低，平均为0.084%，54%的国有控股企业没有股权激励。这表明在国有控股组，内部治理结构与食品安全信息披露的相关性更强。与原假设相反，董事长与总经理二职合一在国有控股组与食品安全信息披露正相关，这同我国国有企业高管的管理体制有关。由于国有企业高管的任命和晋升由政府决定，高管的行为更多地遵循政治逻辑而非经济逻辑，政府与国有控股企业高管之间的代理关系减弱，董事长与总经理二职合一时更能遵从政府的意志。食品安全有关国计民生，是政府关注的重点，也成为国企高管晋升的标准，由此董事长与总经理二职合一时更倾向于披露食品安全信息。非国有控股组，董事长与总经理二职合一与食品安全信息披露负相关，与原假设相符，这表明非国有控股企业股东与管理层之间的代理关系更遵从经济逻辑。高管股权激励与食品质量安全信息披露正相关，表明在非国有控股企业股权激励更能使管理层目标与股东一致。上述结果也表明，相较于非国有控股企业，国有控股企业更倾向于披露食品安全信息。

6.3.5 稳健性检验

为验证本书的研究结论，我们从三个方面进行了稳健性检验。

（1）基于食品安全信息披露水平（FDI）是截尾数据，我们运用面板Tobit模型对模型重新进行回归分析，结果与上文基本一致（表 6-6）。

表 6-6　面板 Tobit 模型回归检验

变量	全样本	国有控股组	非国有控股组
BS	0.099	−0.021	−0.006
	(0.397)	(0.930)	(0.980)
PID	7.195**	12.531***	−3.557
	(0.021)	(0.010)	(0.573)
CMBD	0.339	1.717**	−0.065
	(0.447)	(0.037)	(0.902)
MSHA	4.778**	138.745	4.004**
	(0.017)	(0.479)	(0.020)
MSALA	31.524**	62.606***	12.899
	(0.024)	(0.006)	(0.335)
DR	4.836***	8.001***	2.629
	(0.006)	(0.003)	(0.241)
SIZE	0.169	0.296	0.042
	(0.413)	(0.322)	(0.878)
GRO	−1.231**	−1.405*	−1.257*
	(0.016)	(0.084)	(0.069)
ROE	0.595	−1.448	2.103
	(0.691)	(0.492)	(0.293)
AGE	0.068	0.149*	−0.011
	(0.181)	(0.096)	(0.879)
RISK	0.055	0.074	0.108
	(0.786)	(0.722)	(0.777)
YEAR	控制	控制	控制
P 值	0.000	0.000	0.000
N	483	223	260

说明：①***，**，* 分别表示在 1%、5% 和 10% 水平下显著；②括号内是 P 值。

（2）替换变量 ROE 为 ROA、管理层薪酬为前三位高管的薪酬、前五大股东为前十大股东，研究结果与前文基本一致。

（3）运用 2008—2014 年的数据，对假设 1～4 进行回归分析，结果与前文基本一致。

6.4 本章小结

本章以 2011—2014 年食品类上市公司为样本，运用 Ologit 模型，检验了内部治理结构与食品质量安全信息披露的关系。实证结果表明，内部治理结构对食品安全信息披露有显著的影响，公司内部治理结构越完善，食品安全信息披露水平越高。这也验证了内部治理机制不仅可以抑制管理层对股东的机会主义行为，也可以抑制管理层与其他相关利益者之间的委托—代理风险。学术界和实务界对何为"好的"治理结构并没有一致的认识，我们的研究表明，董事会特征中，独立董事比例正向影响食品质量安全信息的披露；薪酬激励中，高管持股比例和高管薪酬比例与食品质量安全信息披露正相关；股权结构中，股权集中度正向影响食品安全信息披露。不同股权性质下，公司内部治理对食品质量安全信息披露的影响有差异。在国有控股企业，董事长与总经理二职合一正向影响食品安全信息披露，而在非国有控股企业两者为负相关关系。国有控股企业高管薪酬比例与食品安全信息披露的关系更为显著，而非国有控股企业高管持股比例的影响更显著。

第七章 内部控制流程与食品安全信息披露

上一章检验了内部治理结构与食品质量安全信息披露的关系，验证了内部控制通过有效的内部治理抑制委托代理关系，正向影响食品安全信息披露。食品质量安全风险是食品企业重要的经营风险，即使抑制了管理层的机会主义行为，也可能由于各环节的疏漏和员工的自利行为而导致质量控制系统失效，产品质量受损，影响食品安全信息的披露。内部控制被认为是一种风险控制活动，本章检验通过内部控制流程的设计是否能够防范食品质量安全风险，以促进食品安全信息披露。

7.1 理论分析与研究假设

食品质量安全风险的产生基于契约的不完备性。契约理论认为企业是一系列契约的集合，契约方不仅限于投资者与管理层、管理层与员工，而且延伸到与企业各相关利益方，包括投资者、债权人、供应商、销售商和监管部门等。契约界定了各种生产要素的权利和责任。但由于企业外部环境和内部机制的限制，契约签订方不可能设定所有的情境条件，也就无法在契约中详尽企业参与方的行为选择。由于企业契约无法达到完备，企业各参与方就存在相机抉择空间。尽管在外部制度的规制下，企业基于可持续发展的理念有动机生产安全食品，但企业各契约方可能为了自身利益而做出与企业目标不一致的行为。这意味着尽管相关利益者有安全食品的需求，企业有生产安全食品的动机，但如果无法协调企业内部各方利益，也无法达成生产安全信息的目的，从而产生食品质量安全风险。风险控制是不完备契约的弥补机制，本章研究风险评估、控制活动、信息和交流、监督的内部控制流程对食品质量安全的抑制效用和信息披露的影响。

风险评估是企业识别潜在事项影响企业目标实现的风险，是对企业经营风险及时控制的基础。管理层采用定性和定量的方法从可能性和影响两个角度对食品安全风险事项进行评估，考虑预期事项和非预期事项，在原料、生产过程、运输、销售的全过程中界定固有风险和剩余风险，制定合理的企业风险评估标准，一旦发生高于风险控制标准的行为和事项及时预警。合理的风险评估机制应当能够识别出企业各个环节影响食品安全的风险因素，从而减少食品安全风险的发生，增加食品安全信息的披露。由此，我们提出假设1：

假设1：风险评估对食品质量安全信息披露有正向影响。

控制活动是企业根据风险评估结果，采用相应的控制政策和程序应对风险，将风险控制在可承受度之内。控制活动是风险控制的关键环节，对食品安全风险的控制贯穿于整个企业，包括各个层级和职能机构。通过批准、授权、经营业绩评价以及职责分离等活动，在每个风险节点建立相应的控制机制，确定应该做什么的政策，以及实现政策的程序，抑制企业契约各方（包括供应商、员工、销售商等）的机会主义行为，降低食品安全风险发生的几率，增加食品安全信息披露。由此，我们提出假设2：

假设2：控制活动对食品质量信息披露有正向影响。

信息与沟通是企业收集、传递与风险控制相关的内部和外部信息，确保信息在组织内外有效沟通。食品安全风险的识别、评估和应对需要大量的信息，处理和提炼信息可以通过建立信息系统来解决。基于企业与外部协作性的考虑，信息系统应与相关联的供应商、销售商和客户系统有效融合。详略得当、及时、准确、易获取的数据信息有利于食品安全风险的管控，这种信息也要以适当的方式传递给相关利益者。有关企业的风险容量的沟通相当重要，企业应使其员工和合作伙伴明确企业的食品安全风险以及后果，避免因为商业伙伴承受过大的风险，从而促进食品安全信息的披露。由此，我们提出假设3：

假设3：信息与沟通对食品质量安全信息披露有正向影响。

内部监督是企业对风险控制建立与实施情况进行监督检查，评价风险控制的有效性，发现风险控制的缺陷，对缺陷及时加以改进。企业的风险管理随着时间而变化，在不同的内外部环境中，曾经有效的控制活动可能会变得不相关或者执行无效，因此管理层需要确定企业风险管理的运行是否持续有效。通过建立专门的机构对食品质量安全风险进行持续的监控程序和个别监控程序，提供企业风险控制有效性的反馈以及应对特别风险，有利于食品安全风险控制的持续有效，从而促进食品安全信息的披露。由此，我们提出假设4：

假设 4：内部监督对食品质量安全信息披露有正向影响。

7.2　研究设计

7.2.1　样本选择和数据来源

（1）样本选择

本书选择 2011—2014 年作为样本期间，按照证监会行业分类标志，选取上交所和深交所上市的主板、中小板和创业板中的农业、畜牧业、渔业、农副食品加工业、食品制造业和酒、饮料、精制茶制造业公司，共计 137 家上市公司的年度报告和社会责任报告作为样本。共得到 527 个年度观察值，其中，2011 年 126 个，2012 年 131 个，2013 年 136 个，2014 年 134 个。

（2）数据来源

参阅国内外文献的做法，采用"内容分析法"评价食品质量安全信息披露水平。"内容分析法"是一种对传播内容进行客观、系统和定量描述的研究方法。其实质是对传播内容所含信息量及其变化的分析，即由表征的有意义的词句推断出准确意义。首先根据研究需要设计分析维度，然后对样本进行量化处理和信度分析，最后进行统计处理。本书从中国食品类上市公司 2008—2014 年度报告、社会责任报告以及其他公告中手工搜集公司披露的食品质量安全数据，依据信息披露的内容，建立食品安全披露指数，作为食品质量安全的替代变量。风险控制要素采用厦门大学内控指数课题组（2014）发布的中国上市公司内部控制指数（2008—2014）的一级指标数据。其他数据均来自 CSMAR 数据库。

7.2.2　模型设定和变量说明

（1）模型设定

由于食品安全披露指数为 $0\sim13$ 的整数，且不呈正态分布，我们分别运用定序回归（Ologit）模型对食品安全信息披露水平和公司治理的关系进行检验。Ologit 模型用于研究在测量层次上被分为相对次序（或有自然的排序）的不同类别，但并不连续的变量（定序变量）。定序 Ologit 隐含了等比例发生假设，在每个次序类别的结果之间，自变量对因变量的发生比的影响是相等的，从而在一个累积次序到另一个累积次序之间，可以得到一致的回归系数。

$$FDI_1 = \beta_0 + \beta_1 RA + \beta_2 B/M + \beta_3 TBQ + \beta_4 SIZE + \\ \beta_5 AGE + \beta_6 OR + \beta_7 FR + \beta_8 YEAR + \varepsilon$$

$$(1)$$

$$FDI_2 = \beta_0 + \beta_1 CA + \beta_2 B/M + \beta_3 TBQ + \beta_4 SIZE + \\ \beta_5 AGE + \beta_6 OR + \beta_7 FR + \beta_8 YEAR + \varepsilon$$

$$(2)$$

$$FDI_3 = \beta_0 + \beta_1 IC + \beta_2 B/M + \beta_3 TBQ + \beta_4 SIZE + \\ \beta_5 AGE + \beta_6 OR + \beta_7 FR + \beta_8 YEAR + \varepsilon$$

$$(3)$$

$$FDI_4 = \beta_0 + \beta_1 IS + \beta_2 B/M + \beta_3 TBQ + \beta_4 SIZE + \\ \beta_5 AGE + \beta_6 OR + \beta_7 FR + \beta_8 YEAR + \varepsilon$$

$$(4)$$

（2）变量说明

本书以食品安全披露水平（FDI）作为因变量食品质量安全的替代变量。根据资本市场交易动机假说（Grossman，

1981；Milgrom，1981），如果投资者和债权人不能充分了解企业的信息，将无法对企业当前和未来经营状况以及盈利情况作出更为准确的判断和预测，增加风险预期，要求更高的投资回报率，从而导致企业融资成本的增加，降低公司价值，由此管理者有动机披露包括食品安全信息在内的所有私人信息。组织合法性理论认为企业披露非财务信息的动机是为了缓解合法性压力，向利益相关者表明其遵守社会契约的规定，从而获取组织需要的资源以及可以继续生存和发展的合法性（O'Donovan，2002；Khor，2003）。资源基础理论强调，披露非财务信息可以与利益相关者建立良好的沟通渠道，给企业带来"诸如组织声誉等宝贵的、稀缺的、无法效仿和不可替代的资源"，获得消费者认同，创造产品竞争优势（Mc Williams and Siegel，2011；Moser and Martin，2012）。基于以上探讨，我们认为，生产安全食品的企业有意愿披露更高质量的食品安全信息，同时在设计食品安全信息披露指标时，我们更多地考虑了企业的食品安全绩效。因此，我们用食品安全披露水平作为食品质量安全信息披露的替代变量。

自变量风险控制的五个要素分别采用厦门大学内控指数课题组发布的内部控制指数的一级指标——风险评估、控制活动、信息与沟通和内部监督。

在控制变量方面，借鉴已有研究文献，控制公司的经营状况和基本面。成长性越强的公司，可能更多地关注食品的市场占有率而忽视食品质量安全的管理，我们预期符号为负，借鉴 Hail and C Leuz（2006）的做法，用市值账面比（B/M）表示公司的成长性，高市值账面比反映未来成长机会的低不确定性。盈利能力（GRO）越强，越有更多的资源关注食品质量安全，预期符号为正；公司的规模（SIZE）越大、上市时间（AGE）越长，声誉机制的约束越强，可能生产安全食品，预期符号为正；经营风险越大的企业，食品质量水平越低，预期符号为负；财务风险大的企业，可用的现金资源紧张，难以保障食品质量安全，预期符号为负。同时，本书按终极控制人性质（FINSE）和市场竞争程度（HHI）设置了分类变量，并以 2011 年为基础，设置了年度哑变量。各变量的具体定义如表 7-1 所示。

表 7-1 模型中各变量的定义

变量名称	经济含义	变量定义	变量类型
FDI	食品质量安全水平	食品质量安全信息披露指数	因变量
RA	风险评估	内部控制指数一级指标——风险评估	自变量
CA	控制活动	内部控制指数一级指标——控制活动	自变量
IC	信息与沟通	内部控制指数一级指标——信息与沟通	自变量
IS	内部监督	内部控制指数一级指标——内部监督	自变量
B/M	成长能力	市值/账面价值	控制变量
TBQ	盈利能力	托宾 Q	控制变量
SIZE	公司规模	期末总资产的自然对数	控制变量
AGE	上市年限	公司上市到 2011 年的年数	控制变量
OR	经营风险	近三年净利润标准差与均值的比例	控制变量
FR	财务风险	资产负债率	控制变量
HHI	市场竞争程度	赫芬达尔指数	分类变量
FINSE	终极控制人性质	控制人为国有股 FIZSE＝1，否则为 0	分类变量
YEAR	年度哑变量	虚拟变量	哑变量

7.3 实证检验结果分析

7.3.1 描述性统计

我们对模型中的变量进行了描述性统计。如表 7-2 所示，因变量食品安全指数最大值为 12，最小值为 0，表明企业披露食品安全的项目最多为 12 项，最小为不披露，说明不同公司食品安全信息披露情况存在较大的差异。自变量风险评估、控制活动、信息与沟通和内部监督最大值和最小值之间的差异分别为 16.124 分、19.515 分、17.84 分和 15.755 分。

表 7-2 变量描述性统计

变量名称	中位数	均值	标准差	最小值	最大值
FDI	4	4.850	3.525	0.000	12.000
RA	3.874	4.545	2.917	0.000	16.124
CA	13.395	12.968	3.253	0.705	20.220
IC	8.546	9.086	2.353	0.572	18.412
IS	7.688	7.624	2.761	0.296	16.051
SIZE	16.224	16.207	1.766	9.720	21.001
AGE	10	9.380	6.296	0.000	22.000
TBQ	1.922	2.154	1.329	0.329	15.714
OR	0.644	1.639	6.351	−4.871	115.256
FR	0.358	0.390	0.310	0.001	5.778
B/M	0.520	0.627	0.385	0.064	3.042

7.3.2　单变量相关性分析

在描述性统计的基础上，我们对单变量进行了相关性分析，结果如表 7-3 所示。风险评估（RA）、控制活动（CA）、信息与沟通（IC）、内部监督（IS）与食品安全信息披露指数（FDI）显著正相关，初步证实了本书的假说 1～5，说明企业风险控制质量越高，企业食品安全水平越高。就控制变量来看，企业的食品安全水平与公司规模（SIZE）、上市年限（AGE）、财务风险（FR）显著相关。

表 7-3　单变量相关性分析

变量	FDI	RA	CA	IC	IS	B/M	TBQ	SIZE	AGE	OR	FR
FDI	1										
CE	0.263***										
RA	0.123***	1									
CA	0.217***	0.188***	1								
IC	0.0570	0.219***	0.358***	1							
IS	0.134***	0.264***	0.289***	0.229***	1						
B/M	−0.0190	−0.0310	−0.0570	0.0370	−0.002	1					
TBQ	−0.0510	0.0130	−0.0430	−0.00400	0.0170	−0.687***	1				
SIZE	0.117***	0.0690	0.091**	0.109**	0.127***	0.00200	0.0660	1			
AGE	−0.107**	0.077*	−0.140***	−0.0500	0.144***	0.0580	0.0290	0.166***	1		
OR	0.0630	−0.0210	0.0110	0.096*	0.0310	0.0240	−0.0440	−0.0460	0.0370	1	
FR	−0.107**	−0.0640	−0.225***	−0.0710	−0.0450	0.516***	−0.313***	0.0460	0.203***	−0.0230	1

说明：①***，**，* 分别表示在 1%、5%和 10%水平下显著；②括号内是 P 值。

7.3.3　回归检验结果分析

我们分别运用 Ologit 回归模型对食品安全水平和内部环

境、风险评估、控制活动、信息与沟通和内部监督之间的关系进行检验。结果如表 7-4。

表 7-4　回归检验结果

变量	因变量 FDI			
	模型 1	模型 2	模型 3	模型 4
RA	0.061*			
	(0.084)			
CA		0.060*		
		(0.077)		
IC			0.025*	
			(0.062)	
IS				0.034*
				(0.073)
B/M	−0.017	0.026	−0.334	−0.379
	(0.979)	(0.968)	(0.364)	(0.297)
TBQ	−0.253	−0.214	−0.252***	−0.253***
	(0.151)	(0.226)	(0.008)	(0.008)
SIZE	0.204***	0.181***	0.191***	0.181***
	(0.001)	(0.003)	(0.000)	(0.001)
AGE	−0.031**	−0.026	−0.028*	−0.031**
	(0.044)	(0.103)	(0.060)	(0.045)
OR	0.045	0.036	0.019	0.018
	(0.513)	(0.601)	(0.111)	(0.128)
FR	−1.667***	−1.535***	−1.477***	−1.474***
	(0.004)	(0.009)	(0.006)	(0.005)
YEAR	控制	控制	控制	控制
LR Chi2	28.61	28.78	33.31	33.89
Pseudo R2	0.152	0153	0.177	0.174
N	521	521	521	521

说明：①***，**，* 分别表示在 1%、5% 和 10% 水平下显著；②括号内是 P 值。

回归结果表明，在控制了其他变量后，风险评估、控制活动、信息与沟通和内部监督均与食品质量安全信息披露水平在 10% 水平下显著正相关，证明了假说 1～4。这表明食品质量安全与公司内部的制度设计有较大的关联性，外部制度设计引导企业生产安全食品，而企业是否能够生产安全食品与企业的风险控制制度相关。好的风险控制的内部制度设计，可以有效地保障质量控制系统的实施，防控食品质量安全风险。从控制变量看，公司规模与食品安全信息披露水平正相关，与原假设相符；财务风险与食品质量安全水平信息披露水平负相关，与原假设相符。

7.3.4 稳健性检验

为检验前文结论的可靠性，进行了以下稳健性检验：①针对假设 1～4 进行固定效应回归分析，结果基本未发生变化。②分国有企业组与非国有企业组，竞争程度高组与竞争程度低组进行了检验，基本结果一致。③对连续性变量数据进行 1% 的缩尾处理后，结果也没有发生显著变化。④替换托宾 Q 为净资产收益率、市值账面比为营业收入增长率、近三年净利润标准。

7.4 本章小结

本章以 2011—2014 年上海和深圳两地证券交易所上市的食品类公司为研究样本，采用构建的食品安全信息披露指数和内部控制指数一级指标作为企业食品质量安全水平和内部控制流程的衡量指标，研究我国上市公司内部控制流程对食品质量安全的影响。实证研究发现，企业风险评估、控制活动、信息与沟通以及内部监督质量越好，食品质量安全信息披露水平越高，企业的风险控制机制显著影响食品质量安全水平。

第八章 食品安全信息披露、利益相关者信心与公司价值

前文检验了内部控制对食品安全信息披露的影响，并基于委托—代理理论分析了内部治理对食品安全信息披露的影响，基于契约理论分析了内部控制流程对食品安全信息披露的影响，揭示了内部控制影响食品安全信息披露的机理。本章将对该研究进行延伸，检验食品安全信息披露的经济后果，研究食品安全信息披露是否提升了公司价值。

8.1 理论分析与研究假设

食品安全信息披露影响公司价值的研究属于信息披露效率的研究范畴。早期信息披露效率研究基于市场完美竞争假设，披露的主要效应是在市场参与者中重新分配财富，由于在完美市场竞争中市场参与者可以通过交易合约来确保自己避免逆向风险分担后果，从而导致披露在完美竞争市场中没有效率（Hirshleifer，1971；Marshall，1974）。然而，市场并非如假设的完美竞争，私人信息获取并非没有成本，单个交易者可以通过获取私人信息来改善个人的福利，但损害了整体社会福利（Diamond，1985）。资本市场中的"柠檬问

题"为企业管理层创造了一个提供自愿披露来提升企业价值的机会。自愿性信息披露可以缓和信息不对称，改变交易者私人信息获取的激励，增加相关利益者对企业的认知，从而提升企业的价值。

自愿性信息披露对财务绩效的积极影响也得到学者们的实证研究的支持：社会责任信息披露积极影响了企业的短期价值和长期价值（Deloitte、CSR Europe、EuroNext，2003；Dhaliwal et al.，2011）。这是由于企业社会责任信息的披露直接或间接影响消费者对公司产品的购买意愿（Bhattacharya and Sen，2004），吸引社会责任客户（Bagnoli and Watts，2003），增加了产品销量（Lev et al.，2010）；降低了企业风险，包括诉讼风险（Goss and Roberts，2009；Starks，2009）、政府监管威胁（Brown et al.，2006）和非政府组织的关注（Baron，2009；Lyon and Maxwell，2006）；银行更愿意给披露了社会责任信息的公司融资（Maxwell et al.，2000），权益投资者降低了风险收益需求，从而降低了企业的资本成本（Dhaliwal et al.，2011；Martin and Moser，2012）；提高品牌价值（Brown and Dacin，1997；Cording，2006）和公司声誉（Lev et al.，2006；Kim et al.，2012），从而有利于提升公司的市场价值和长期发展（Cording，2006；Badertscher B. A.，2011）。

基于相关者利益的假设，年度报告、社会责任报告以及内部控制报告的使用者不仅是投资者，也包括债权人、供应商、销售商、消费者和政府监管部门。食品安全信息披露反映了企业担负社会责任的态度，也向供应商表明了企业生产安全食品的意愿，向债权人、销售商、供应商和消费者传递了食品安全的信息。销售商和消费者将更乐意购买企业的产品，债权人将提供更多资本成本较低的融资，同时也减少了政府处罚的风险，最终在报表上的反映是企业经营现金流的增加。由此，我们提出假设 1：

假设 1：在控制了其他因素的情况下，食品安全信息披露与企业经营现金流量正相关。

基于上述理论，我们认为，食品安全信息是企业自愿披露的社会责任信息，企业可以通过披露食品安全信息区别低质量的公司，降低相关利益者的信息搜寻和决策成本。企业食品安全信息的披露增加投资者对企业未来发展和运营的预期，从而降低资本成本。食品安全信息的披露起到良好的广告效用，避免不确定事项的损失，增强企业产品的竞争能力，得到债权人、供应商、销售商、消费者和政府的认可，从而增加企业未来的现金流量。资金成本的降低和现金流量的增加提升企业价值。由此，我们提出假设 2：

假设 2：在控制了其他因素的情况下，食品安全信息披露与企业价值正相关。

8.2　研究设计

8.2.1　样本选择和数据来源

2009 年 6 月 1 日《食品安全法》颁布实施，之后我国上市公司开始关注食品安全信息披露。因此，本书选择 2010—2014 年作为样本期间。以上交所和深交所的 119 家食品类上市公司为样本，共得到 570 个年度观察值，其中，2010 年 105 个，2011 年 112 个，2012 年 117 个，2013 年 117 个，2014 年 119 个。

采用"内容分析法"评价食品质量安全信息披露水平（FDI），从食品类上市公司 2008—2013 年度报告、社会责任报告、内部控制报告以及其他公告中手工搜集公司披露的食品质量安全数据，建立食品安全披露指数，作为食品质量安全信息披露的替代变量。除食品安全信息披露指数外，分析使用的其他数据均来自 CSMAR 数据库。

8.2.2 模型设定和变量说明

根据国外近期文献，使用如下模型来检验提出的研究假设。为检验假设 1，建立模型 1：

$$OCF = \beta_0 + \beta_1 FDI_{t-1} + \beta_2 ROA + \beta_3 SIZE + \beta_4 GRO +$$
$$\beta_5 AT + \beta_6 DEL + \beta_7 DOL + \varepsilon \qquad (1)$$

模型 1 中因变量为经营活动现金流量（OCF），自变量为滞后一期的食品安全信息披露指数（FDI_{t-1}），我们假定消费者、销售商等相关利益者对食品安全信息披露的反应时间为 1 年。控制变量方面，我们借鉴学者们的研究，认为总资产利润率（ROA）正向影响经营现金流，公司规模（SIZE）正向影响经营现金流，公司成长性（GRO）正向影响经营现金流，营运能力（AT）正向影响现金流，经营风险（DEL）和财务风险（DOL）负向影响现金流。

为检验假设 2，建立模型 2：

$$TBQ = \beta_0 + \beta_1 FDI_{t-1} + \beta_2 SIZE + \beta_3 AGE +$$
$$\beta_4 GRO + \beta_5 AT + \beta_6 DEL + \beta_7 DOL +$$
$$\beta_8 PID + \beta_9 MSA + \beta_{10} FSA_i + \varepsilon \qquad (2)$$

国内外文献对公司价值的衡量主要采用托宾 Q 值，基本计算公式为市场价值与资产重置成本之比。我们借鉴国内外文献的做法，使用分别使用三种算法计算托宾 Q 值，表示公司价值。在控制变量方面，借鉴 Sun and Tong（2003），夏立军和方轶强（2005），Rountree et al.（2008），沈洪涛、杨熠（2008），唐国平、李龙会（2011）等的做法，控制公司的财务状况和公司治理，财务特征包括：公司的规模（$SIZE$），预期符号为负；成长性（GRO），预期符号为正；营运能力（AT），预期符号为正；经营风险（DOL），预期符号不确定；财务风险（DFL），预期符号不确定；公司治理包括：董事会特征（PID）、薪酬激励（MSA）、最终控制人性质（FSZ）。具体变量定义如表 8-1：

表 8-1　模型中各变量的定义

变量名称	变量代码	变量描述	变量性质
公司价值	托宾 $Q1$	市值/净资产，非流通股市值用净资产代替	因变量
	托宾 $Q2$	市值/净资产，非流通股市值用流通股股价代替	
	托宾 $Q3$	市值/（资产总计—无形资产净额—商誉净额）	
现金流量	OCF	经营活动现金流量/总资产	因变量
食品安全披露水平	FDI	食品安全披露指数	自变量
公司规模	$SIZE$	公司总资产对数	控制变量
上市时间	AGE	上市时间	控制变量
成长性	GRO	主营业务收入年增长率	控制变量
营运能力	AT	总资产周转率	控制变量
经营风险	DOL	经营杠杆	控制变量
财务风险	DFL	财务杠杆	控制变量
董事会特征	PID	董事会人数	控制变量
薪酬激励	MSA	高管薪酬数量/总利润	控制变量
终极控制人性质	FSZ	控制人为国有股 $FSZ=1$，否则为 0	控制变量
年度哑变量	$YEAR$	虚拟变量	哑变量

8.3 实证检验结果分析

8.3.1 描述性统计

我们对模型中的变量进行了描述性统计。如表 8-2 所示，因变量托宾 Q1、托宾 Q2、托宾 Q3 的均值分别为 2.288、2.526、2.717，低于 A 股上市公司的整体水平，表明食品类上市公司的价值偏低。因变量现金流量均值为 0.365，表明食品类上市公司现金流量占公司总资产的比例平均为 36.5%。自变量食品安全指数最大值为 4，最小值为 0，表明企业披露食品安全的项目最多为 4 项，最小为不披露，说明不同公司食品安全信息披露情况存在较大的差异；样本中披露食品安全信息的 310 家，占样本的 61.51%，披露食品安全信息公司比例由 2008 年的 47.67%上升至 2013 年的 76.07%，说明自愿披露食品安全的上市公司逐年增加；但食品安全信息披露指数均值为 0.994，表明公司披露的食品安全项目不多，披露项目在 1 个以上的仅有 39 家，占样本比例的 7.74。

表 8-2　变量的描述性统计

变量名称	均值	中位数	标准差	最大值	最小值
$TQ1$	2.288	2.037	1.404	15.714	0.334
$TQ2$	2.526	2.204	1.240	16.203	1.073
$TQ3$	2.717	2.322	1.357	16.203	1.093
OCF	0.365	0.029	1.884	28.105	−5.001
FDI_{t-1}	0.994	1	0.851	4	0
ROA	0.049	0.037	0.149	1.853	−1.997

（续）

变量名称	均值	中位数	标准差	最大值	最小值
SIZE	21.703	21.583	1.0117	24.911	18.488
AGE	10.909	12	6.219	23	0
GRO	0.127	0.082	0.529	−0.703	8.301
AT	0.762	0.585	0.656	0.028	5.171
DOL	1.085	1.056	5.040	13.37	−104.58
DEL	1.380	1.326	1.519	20.600	−13.277
PID	8.821	9	1.782	15	0
MSA	0.0211	0.009	0.059	0.784	−0.284

8.3.2　单变量相关性分析

我们还计算了主要变量之间的相关系数。结果表明：样本公司的食品安全信息披露指数与现金流量正向相关，支持了假设 1；高的食品安全信息披露指数与更高的公司价值正向相关，支持了假设 2；OCF、TBQ1、TBQ2、TBQ3 与绝大多数控制变量正向或负向相关，表明这些变量会影响现金流量或公司价值，应当在模型中控制；有些控制变量之间也有相关性，我们将在模型中检测多重共线性问题。

8.3.3　回归检验结果分析

（1）食品安全信息披露与现金流量的检验结果

为解决内生性问题，我们运用固定效应回归模型，分别用滞后一期和当期食品安全信息披露指数作为自变量，回归结果如表 8-3。

表 8-3　现金流量与食品安全信息披露回归结果

变量	因变量（OCF）	
	FDI 滞后 1 期	FDI 当期
FDI	0.384**	−0.043
	(0.032)	(0.659)
ROA	1.400	1.213
	(0.119)	(0.206)
SIZE	−0.369	0.609
	(0.757)	(0.312)
DEL	0.122	0.098
	(0.282)	(0.136)
DOL	−0.141***	−0.115**
	(0.001)	(0.010)
AT	−0.238	0.342**
	(0.485)	(0.045)
GRO	0.747	0.101
	(0.104)	(0.268)
Adjusted R2	0.040	0.010
YEAR	控制	控制
N	230	338

说明：①***，**，* 分别表示在 1%、5% 和 10% 水平下显著；② 括号内是 P 值。

从表 8-3 可以发现，在控制了其他变量后，滞后一期的食品安全信息披露指数对公司经营现金流量有显著正向影响，而当期食品安全信息披露指数对公司经营现金流量无显著影响。这一结果说明，企业食品安全信息披露后，对消费者、经销商等的行为产生影响，消费者和经销商愿意为安全食品支付更多的现金或更多地选择了披露食品安全信息企业的产品。控制变量方面，现金流量同财务风险显著负相关，表明食品类企业应当慎用财务杠杆。上述结果证明了假设1。

（2）食品安全信息披露与公司价值的检验结果

我们分别运用托宾 Q1、托宾 Q2、托宾 Q3 代表公司价值，运用固定效应模型对非均衡面板数据进行回归，结果如表 8-4。

表 8-4 公司价值与食品安全信息披露回归结果

自变量	因变量		
	TB1	TB2	TB3
FDI_{t-1}	0.178**	0.168**	0.183**
	(0.043)	(0.044)	(0.036)
SIZE	−0.830**	−0.801*	−0.819*
	(0.043)	(0.069)	(0.067)
DEL	0.031	0.026	0.031
	(0.262)	(0.332)	(0.298)
DOL	−0.011	−0.013	−0.012
	(0.545)	(0.391)	(0.506)
PID	0.036	0.023	0.019
	(0.613)	(0.745)	(0.795)
MSA	−1.677*	−1.607*	−1.770*
	(0.071)	(0.065)	(0.074)
AT	−0.065	−0.054	−0.071
	(0.670)	(0.722)	(0.650)
FSN	−0.020	−0.039	−0.036
	(0.938)	(0.881)	(0.893)

（续）

自变量	因变量		
	TB1	TB2	TB3
GRO	1.056***	0.952***	1.013***
	(0.000)	(0.000)	(0.000)
AGE	−0.016	−0.046	−0.043
	(0.852)	(0.583)	(0.621)
YEAR	控制	控制	控制
Adjusted R2	0.223	0.207	0.210
N	228	228	228

说明：①***，**，* 分别表示在 1%、5% 和 10% 水平下显著；②括号内是 P 值。

从表 8-4 可以看出，公司价值的替代变量托宾 Q1、托宾 Q2、托宾 Q3 均与食品安全信息披露指数显著正相关，表明食品安全信息披露增加了公司价值。这意味着，食品安全信息披露增加了投资者、债权人、消费者、经销商、政府等相关利益者对企业的信心，起到良好的广告效用，增强了企业产品的竞争能力，降低了资本成本，从而提升了公司价值。控制变量方面，公司规模与公司价值显著负相关，与假设相符；薪酬激励与公司价值负相关，表明薪酬激励并未很好地解决投资者和管理层的代理问题；公司的成长性与公司价值显著正相关，与假设相符。上述结果证明了假设 2。

8.3.4 稳健性检验

为验证研究结论，我们还进行了稳健性检验，具体包括：①替换和增加了相关控制变量，包括运营能力、盈利能力、偿债能力、公司治理指标，研究结果与前文基本一致。

②以公司食品安全信息披露指数得分的中位数为限，通过哑变量表示公司的食品安全信息披露水平，对假设 1～2 进行了回归分析，结果与前文基本一致。③使用 ROA 和 EBIT 作为公司价值的指标，对假设 2 进行检验，结果类似于表 8-4。

8.4　本章小结

本章利用食品安全披露指数作为食品安全信息披露的衡量指标，考察了公司食品安全信息披露对企业现金流量和公司价值的影响。实证研究发现，食品安全信息披露对公司的现金流量有显著的正向影响，食品安全信息披露水平越高，公司价值越高。本研究从微观企业视角探讨食品安全信息披露的经济后果，证明食品安全信息披露可以增加企业的现金流量，提升企业价值。这表明，企业自愿性信息披露有助于企业区别于质量低的公司，从而摆脱"柠檬困境"。本研究拓展了自愿性信息披露经济后果的研究，也为监管层从企业视角制定食品安全信息披露法规提供了理论支撑。

第九章 行业环境、食品安全信息披露与权益资本成本

上一章检验了食品安全信息披露与公司价值之间的关系，结果表明食品安全信息披露提升了公司价值。食品安全信息披露是否还有其他经济后果？基于食品"经验品"和"信用品"的特性，生产者与消费者之间存在严重的信息不对称，导致食品市场的"柠檬问题"，企业希望通过自愿披露食品安全信息减少与利益相关者的信息不对称，降低投资者对公司未来风险不确定的投资回报要求。公司自愿披露食品质量安全信息的行为是否产生了降低投资者回报要求的经济后果？本章我们试图探讨权益资本成本与企业食品安全信息披露之间的关系，因为投资者回报要求的降低将反应在权益资本成本的降低上。同时，权益资本成本在企业的财务和经营决策中也起着至关重要的作用。

9.1 理论分析与研究假设

9.1.1 食品安全信息披露与权益资本成本

食品质量安全信息披露可以降低公司的非系统风险。对公司风险的研究认为，公司由于自身的经营问题存在非系统

风险，投资者因为非系统风险的存在而要求更高的风险溢价，导致更高的融资成本。自愿性财务信息披露降低了公司和其他公司现金流的协方差，实质上降低了公司的贝塔系数，因此降低了权益资本成本（Lamber 等，2007）。就食品类公司而言，近几年频发的食品安全事故引发了公众对食品安全问题的特别关注，政府规制也越来越严格，2015 年中国政府出台被称为史上最严厉的《食品安全法》，食品质量安全风险成为食品类公司重要的非系统风险。食品安全信息的披露可以增加投资者对公司食品安全生产状况的认识，消除投资者产生市场恐惧的疑虑，降低风险溢价，从而降低公司的权益资本成本。

食品安全信息披露可以减少信息不对称。诸多的研究证明，中国的资本市场是半强势的资本市场，这意味着资本市场上存在信息不对称。弱势的投资者假设资本市场上存在知情交易者，他们在购买证券时预期在出售证券时可能要承担交易损失，因此愿意为证券支付的现金可能低于证券未来现金流的现值，企业未来补偿这些预期的损失，就要增加权益资本成本。同时，当信息披露水平不够时，信息弱势投资者会减少交易以保护自身的权益，非流动性的结果导致投资者要求高投资回报率，从而增加权益资本成本（Amihud 和 Mendelson，1986）。就食品类企业而言，更多的食品安全信息披露减少了投资者之间、投资者和管理者之间的信息不对称，降低交易成本；更多的食品信息披露也减少了企业与消费者之间的信息不对称，增加客户黏性，降低未来现金流的不确定性，减少弱势投资者的估计误差，从而降低权益资本成本（Verrecchia，2001）。

食品安全信息披露可以增强企业声誉。安全的食品是食品类企业的核心竞争力，但在传统的报表中无法列示。公司披露食品安全信息，可以使消费者了解公司的食品生产状况，增强公司的声誉，促进公司长期的销售业绩。更多的食品安全信息披露也可以让企业成为监管部门眼中的"好孩子"，减少被检查的次数，降低合规成本。食品安全信息披露还能增加投资者对公司的认知，让投资者注意到公司产品的质量，以及这些安全的食品如何创造公司价值，从而吸引更多的投资者（Urquiza 等，2012），进而降低权益资本成本。综上，我们提出假说 1。

假说 1：权益资本成本与食品质量安全信息披露负相关。

9.1.2 不同产权性质的影响

不同于西方市场经济体制下的国有企业，社会主义市场经济体制下的国有企业不仅是经济实体，也承担了更多的社会责任。由于国有企业在社会经济中的特殊地位，相较于非国有企业，国有企业面临了较低的经营风险和财务风险：政府通常会给予国有企业更多的税收、补贴等政策支持，在产品的研发、生产和销售过程中也拥有更多的资源，从而降低了企业的经营风险。基于国有企业社会属性的考虑，即使企业投资失败，也能够获得政府的补偿，由此银行等金融机构更愿意贷款给国有企业；由于政府为国有企业的大股东，国有企业的信用评级通常较高，能够以较低的成本获得借款和发行债券。从上述讨论可知，国有企业非系统风险的降低更多地依赖于政府的认可，食品安全信息披露强调了企业的社会责任的履行，树立负责任企业的形象，更利于政府资源的获取，降低企业的非系统风险。而非国有企业的非系统风险则受到更多市场因素的影响，由此，我们提出假设 2。

假说 2：权益资本成本与食品质量安全信息披露的关系在国有企业表现得更显著。

9.1.3　不同竞争程度的影响

竞争性程度不同，信息披露水平对上市企业资本成本的影响程度也可能有所差异。投资者对未来的不确定性在高竞争行业表现的更明显，高竞争行业更难留住客户（Luo 和 Bhattacharya，2009）。竞争减少了客户关系的可持续性，增加预期现金流的波动，保留客户的成本在竞争市场中更不可预测。在竞争行业，客户与公司关联度较弱的情形下，公司有更强的与客户沟通的动机。在激烈竞争的市场中增加食品安全信息披露，减少企业与客户间的信息不对称，有利于增加客户的黏性，降低企业的非系统风险，使投资者对未来的不确定性减小，从而使得权益资本成本更低。由此，我们提出假说 3：

假说 3：权益资本成本与食品质量安全信息披露的关系在竞争激烈的行业表现得更显著。

9.2　研究设计

9.2.1　样本选择和数据来源

选择 2011—2014 年作为样本期间，食品安全信息披露指数样本期间为 2011—2013 年，资本成本和其他指标样本期间为 2012—2014 年。按照证监会行业分类标志，选取上交所和深交所上市的主板、中小板和创业板中的农业、畜牧业、渔业、农副食品加工业、食品制造业和酒、饮料、精制茶制造业公司，共计 136 家上市公司的年度报告和社会责任报告作为样本。共得到 401 个年度观察值，其中，2012 年131 个，2013 年 136 个，2014 年 134 个。食品安全信息披露数据从食品类上市公司 2011—2013 年度报告和社会责任报告中手工搜集、整理，其他数据来自 CSMAR 数据库和 Wind 数据库。

9.2.2 模型设定和变量说明

（1）模型设定

建立固定效应非线性回归模型和控制企业、行业、年度固定效应影响的 OLS 回归模型来检验提出的研究假说，采用 Stata 软件对数据进行回归，基本模型如下：

$$COST_t = \beta_0 + \beta_1 FDI_{t-1} + \beta_2 SIZE_t + \beta_3 AGE_t +$$
$$\beta_4 ROE_t + \beta_5 B/M_t + \beta_6 OR_t + \beta_7 FR_t +$$
$$\beta_8 LIQ_t + \beta_9 YEAR + \varepsilon$$

$$(1)$$

（2）变量定义

被解释变量：我们研究食品质量安全信息披露对企业权益资本成本的影响，以权益资本成本（COST）为被解释变量。资本成本的度量有两类：一类采用事后法，以 Farm 和 Franch 的资本资产定价模型（CAPM）为代表。尽管存在"信息冲击"问题，可能导致已经实现的收益不是预测收益的良好替代变量，但因其良好的稳定性和演进的逻辑推理被广泛应用，产生了深远的影响。一类是以衡量预期盈余的会计盈利指标为工具变量进行隐含资本成本的测度，这类方法又被划分为剩余收益模型（包括 GLS 模型、CT 模型、GGM 模型）和异常收益增长模型（包括 AGR 模型、PEG 模型、MPEG 模型、EP 模型和 OJN 模型）。这类方面能较好地规避"信息冲击"问题，丰富权益资本成本的信息含量，但存在严重依赖分析师预测和准确性的不足问题。本书选取的样本为食品类相关公司，分析师预测的结果严重不足，因此采用 CAPM 模型度量权益资本成本：

$$R = R_f + \beta_i (R_M - R_f) \qquad (2)$$

其中：R_f 为无风险报酬率，选取 2012 年、2013 年、2014 年发行当年的十年期记账式国债的票面利率；（$R_M - R_f$）为整个市场的风险补偿率，选取 2012 年、2013 年、2014 年的 GDP 增长率，β 系数为单个公司相对于整个股票市场的风险系数，取自于 Wind 数据库。

解释变量：我们以食品安全披露水平（FDI）作为解释变量，FDI 采用"内容分析法"评价。从上市公司年度报告和社会责任报告中手工收集食品安全披露信息，借鉴 Clarkson（2008）的环境信息披露评分表的作法，结合中国上市公司食品质量安全信息披露的内容对食品安全信息披露水平打分。将食品安全信息披露分为治理结构和管理系统、可靠性、产品质量指标、展望和战略声明、自发产品质量行为 5 部分 17 项内容，每项赋值 1 分（食品质量认证每项认证得 1 分），同时披露信息内容和数量加计 1 分。根据企业情况逐项评分，汇总得到企业食品安全信息披露水平的分值。为保证食品安全信息披露评分的准确性，我们抽取了样本的 30%，告知检验者评分程序，由不同的检验者进行复检，一致性达到 83.33%，以往的研究认为一致性在 75%以上是可以接受的，说明我们保证了评分的客观性。

控制变量：为避免模型错误，我们控制了额外变量。大规模（SIZE）的公司相对风险较低，投资者要求的报酬率较低，因此公司规模可能负向影响权益资本成本。上市时间（AGE）长的公司，企业的声誉越高，可能更容易获得投资者的信任，从而要求较低的收益率，预期与权益资本成本负相关。盈利能力强（ROE）的公司面临的风险较低，预期与权益资本成本负相关（Francis，2005）。成长性显著的企业在资本市场上更容易获得投资，投资者对其未来发展潜力的信心也更强，预期与权益资本成本负相关。我们用市值账面比（B/M）表示公司的成长性，高市值账面比反映未来成长机会的低不确定性（Hail 和 Leuz，2006）。经营风险反映企业的内部经营状况，经营风险越大，未来收益的不确定性越高，预期与权益资本成本正相关，我们以近三年净利润标准差与均值的比例（OR）衡量经营风险。财务风险反映企业偿还债务的风险，风险越大投资者要求的收益率越高，预期与权益资本成本正相关，我们用资产负债率（FR）衡量财务风险。股票的流动性越强，投资者的流动性风险越低，要求的投资收益率越低，预期与权益资本成本负相关，我们用本年流通股日换手率的平均值（LIQ）衡量股票流动性。以 2011 年为基础，设置了年度哑变量。各变量的具体定义如表 9-1 所示。

表 9-1 变量及其定义

变量类型	变量名称	经济含义	变量定义
因变量	COST	权益资本成本	CAPM 模型计算
自变量	PID	食品安全信息披露水平	对食品安全信息披露水平评分
控制变量	SIZE	公司规模	期末总资产的自然对数
	AGE	上市年限	公司上市的年数
	ROE	盈利能力	净资产收益率
	B/M	成长性	市值/账面价值
	OR	经营风险	近三年净利润标准差与均值的比例
	FR	财务风险	资产负债率
	LIQ	流动性	本年流通股日换手率的平均值
哑变量	YEAR	年度哑变量	虚拟变量

9.3 实证检验结果分析

9.3.1 描述性统计

2011—2013 年的 393 个食品安全信息样本中，披露食品安全信息的 363 个，占全部样本额的 92.36%；披露食品安全信息的公司占比从 2011 年的 87.3% 上升至 2013 年的 95.58%。食品安全信息中披露最多的为公司对食品质量政策、价值、原则和行为守则的陈述，占总样本数量的 79.90%，披露最少的为在技术和研发上的花费，占比 2.29%。具体见表 9-2。

表 9-2　食品安全信息披露内容表

序号	披露内容	披露样本数	占总样本比（%）
（一）	治理结构和管理系统（最高 2 分）		
1	设置食品质量控制部门或质量管理部门（0～1 分）	186	47.33
2	订立针对客户或供应商的食品质量条款（0～1 分）	74	18.83
（二）	可靠性（最高 3 分）		
3	单独提供社会责任报告（0～1 分）	94	23.92
4	食品质量安全绩效的外部奖励（0～1 分）	130	33.08
5	参与特定行业协会或自发的食品质量改善活动（0～1 分）	43	10.94
（三）	食品安全现状和绩效指标（最高 12 分）		
6	公司食品质量与业界同行比较的陈述（0～1 分）	56	14.25
7	食品质量认证（0～5 分）	180	45.80
8	针对食品质量安全风险的防控系统（0～1 分）	112	28.50
9	食品质量全程监控和可追溯体系（0～1 分）	154	39.19
10	为提高食品质量安全在技术和研发上的花费（0～2 分）	9	2.29
11	食品质量合格率的表述（0～2 分）	41	10.43
（四）	展望和战略声明（最高 3 分）		
12	公司对食品质量政策、价值、原则和行为守则的陈述（0～1 分）	314	79.90
13	关于食品质量风险的陈述（0～1 分）	154	39.19

（续）

序号	披露内容	披露样本数	占总样本比（%）
14	关于食品质量发明和新技术的陈述（0~1分）	46	11.70
（五）	自发食品安全行为（最高3分）		
15	具体描述对员工食品质量管理和操作的培训（0~1分）	73	18.58
16	存在食品质量安全预警和事故应急方案（0~1分）	30	7.63
17	内部的食品质量安全绩效奖励（0~1分）	22	5.60

表9-3为主要变量的统计性描述，食品类公司成本最大值为17.5%，最小值为0.043%，具有较大差异。食品安全指数最大评分为16，最小评分为0，均值为4.696，这表明上市公司平均披露了不足5项食品安全信息，食品安全信息披露水平还偏低。权益资本成本在0.043~0.175之间，差异较大。

表9-3 变量的描述性统计

变量名称	中位数	均值	标准差	最小值	最大值
COST	0.111	0.111	0.022	0.043	0.175
FDI	4	4.696	3.641	0.000	16.000
SIZE	16.032	16.065	1.783	9.720	21.001
AGE	10	9.726	6.326	0.000	22.000
ROE	0.0595	0.116	1.273	−2.624	25.169
B/M	0.530	0.630	0.382	0.064	3.042
OR	0.644	1.639	6.351	−4.871	115.256
FR	0.367	0.387	0.202	0.004	1.094
LIQ	1.353	1.627	1.149	0.169	9.978

注：上市当年赋值为0。

9.3.2 单变量相关性分析

在描述性统计的基础上，我们进行单变量的相关性分析，相关性分析结果如表 9-4 所示。企业食品安全披露指数（FDI）与权益资本成本（COST）显著负相关。就控制变量来看，权益资本成本与公司规模（SIZE）、上市年限（AGE）、成长性（B/M）显著负相关，与经营风险（OR）显著正相关。

表 9-4 单变量相关性分析

变量	COST	FDI	SIZE	AGE	ROE	B/M	FR	LIQ	OR
FDI	−0.182***	1							
SIZE	−0.189***	0.132***	1						
AGE	−0.222***	0.091*	0.157***	1					
ROE	−0.0330	0.0120	0.0740	0.0290	1				
B/M	−0.145***	0.0190	−0.0110	0.0420	0.0210	1			
FR	0.0200	−0.109**	−0.085*	−0.207***	−0.126**	−0.526***	1		
LIQ	−0.0780	0.110**	0.206***	0.111**	0.095*	0.0810	−0.090*	1	
OR	0.093*	−0.0460	−0.0460	0.0370	−0.0150	0.0240	−0.0230	−0.0620	1

注：***，**，* 分别表示在 1%、5% 和 10% 水平下显著。

9.3.3 全样本检验结果分析

表 9-5 报告了权益资本成本与食品安全信息披露水平回归结果。我们分别采用了固定效应回归模型和控制企业、行业、年度固定效应影响的 OLS 回归。

表 9-5　权益资本成本与食品质量安全披露水平全样本回归

变量	因变量（COST）	
	固定效益回归模型	混合 OLS 模型
FDI	−0.018***	−0.020***
	(0.000)	(0.010)
SIZE	−0.001	−0.001
	(0.100)	(0.326)
AGE	−0.001***	−0.016***
	(0.000)	(0.000)
ROE	−0.000	−0.001***
	(0.688)	(0.006)
B/M	−0.013***	−0.010
	(0.006)	(0.132)
OR	0.000***	0.000**
	(0.000)	(0.015)
FR	0.013**	0.028**
	(0.041)	(0.019)
LIQ	−0.002**	−0.004***
	(0.000)	(0.000)
YEAR	控制	控制
$Adjust\ R^2$	0.567	0.151
P	0.000	0.000
N	369	369

注：①***，**，* 分别表示在 1%、5% 和 10% 水平下显著；②括号内是 P 值。

关于内生性和自我选择问题，我们采用了滞后一期的方法。还采用了 Heckman 和 Hausman 检验方法对数据潜在的内生性进行验证，发现内生性不定性影响主要结果。为保证数据的稳定性，我们在回归时对 FDI 数值进行了处理，在原分值的基础上除以最大分值。回归结果显示，食品质量安全披露水平与权益资本成本显著负相关，证明了假说 1。控制变量中，公司上市年限、盈利能力、成长性、流动性与权益资本成本负相关，财务风险、经营风险与权益资本成本正相关，与原假说相符。

9.3.4 基于产权性质的进一步分析

为进一步探讨产权性质不同，食品安全信息披露对权益资本成本的影响是否有差异，我们分国有企业组和非国有企业组进行了固定效应回归检验。表 9-6 报告了检验结果。

表 9-6 国有企业和非国有企业分组检验

变量	因变量（COST）	
	非国企	国企
FDI	−0.013**	−0.029**
	(0.022)	(0.014)
SIZE	−0.002**	0.003
	(0.025)	(0.115)
AGE	−0.001***	−0.019***
	(0.001)	(0.000)
ROE	−0.009	−0.001**
	(0.119)	(0.023)
B/M	−0.013**	−0.003
	(0.029)	(0.715)
OR	0.000***	0.000
	(0.000)	(0.390)

（续）

变量	因变量（COST）	
	非国企	国企
FR	0.012	0.012
	(0.211)	(0.504)
LIQ	−0.004**	−0.003
	(0.018)	(0.173)
YEAR	控制	控制
$AdjR^2$	0.1775	0.587
P	0.000	0.000
N	206	163

注：①***，**，* 分别表示在 1%、5%和 10%水平下显著；②括号内是
P 值。

检验结果显示，食品质量安全信息披露对权益资本成本的影响在国有企业组为 −0.029，在非国有企业组为 −0.013，在国有企业组的影响更为显著，验证了假说 2。我们发现，在国有企业组，控制变量中仅有上市年限和盈利能力与权益资本成本负相关，与以资产负债率表示的财务风险和以近三年净利润标准差与均值的比例表示的经营风险均无显著的相关关系，验证了国有企业的非系统风险更多的与政府认可而非市场表现相关，声誉机制对国有企业的影响更为明显。

9.3.5　基于行业竞争的进一步分析

为进一步探讨行业竞争程度不同，食品安全信息披露对资本成本的影响是否有差异，我们分高行业竞争程度和低行业竞争程度进行了固定效应回归检验。所处行业的竞争程度

根据行业的赫芬达尔指数（HHI）进行分组，表 9-7 报告了检验结果。

表 9-7　竞争程度高和竞争程度低行业分组检验

变量	因变量（COST）	
	竞争程度高组	竞争程度低组
FDI	—0.034***	—0.017*
	(0.006)	(0.072)
SIZE	—0.004*	0.000
	(0.061)	(0.924)
AGE	—0.017***	—0.015***
	(0.000)	(0.000)
ROE	—0.032	—0.001*
	(0.208)	(0.081)
B/M	—0.037	—0.020**
	(0.109)	(0.016)
FR	0.051*	0.007
	(0.064)	(0.627)
LIQ	—0.007***	—0.004***
	(0.005)	(0.007)
BR	0.000***	0.000
YEAR	控制	控制
$AdjR^2$	0.677	0.547
P	0.000	0.000
N	79	289

注：①***，**，* 分别表示在 1％、5％和 10％水平下显著；②括号内是 P 值。

在竞争程度高组，食品安全信息披露水平对权益资本成本的影响程度为－0.034，且在1％的水平下显著负相关。在竞争程度低组，食品安全信息披露水平对权益资本成本的影响程度为－0.017，且在10％的水平下显著负先关。这表明，竞争程度高的行业，食品安全信息的披露通过降低企业与消费者之间的信息不对称，增加了客户黏性，降低了投资者对未来收益的不确定性，从而更显著地影响了权益资本成本。假说3得到证明。

9.3.6　稳健性检验

为验证本书的研究结论，我们还进行了稳健性检验。具体包括：①我们分别用GLS模型和PEG模型衡量资本成本，做固定效应回归检验。尽管由于预测数据较少，样本量较少，结果不如CAPM模型显著，但也得到类似的结论。②替换变量ROE为ROA衡量盈利能力、托宾Q代替B/M衡量成长性、经营杠杆代替近三年净利润标准差与均值的比例衡量经营风险，研究结果与前文基本一致。③将食品安全信息披露水平分高低组进行回归，食品安全信息披露水平高组对权益资本成本的影响更为显著。

9.4　本章小结

本章利用CAPM模型衡量权益资本成本，构建的食品安全披露指数衡量食品安全信息披露程度，考察了食品质量安全信息披露对食品类上市公司权益资本成本的影响。实证研究发现，食品质量安全信息的披露对权益资本成本有显著负向影响。进一步研究发现，不同产权性质影响食品安全信息披露与权益资本成本之间的相关关系，国有企业中两者的关系更为显著。不同竞争环境下，公司食品质量安全信息披露对权益资本成本的影响有差异。在行业竞争程度高的企业，食品质量安全信息披露对公司权益资本成本影响更为显著。研究结论启示，食品安全信息披露减少了投资者与管理层之间的信息不对称，投资者对未来企业发展的不确定性风险减少，降低了预期投资回报率，从而减少了企业的资本成本。

第十章　结论、启示与未来研究方向

前面几章对研究主题、相关理论、食品安全信息披露的动机、内部控制的本质特征进行了介绍和分析。构建了内部控制与食品质量安全信息披露的理论分析框架，对内部控制和食品质量安全信息披露这两个关键指标进行衡量，并对内部控制流程与食品质量安全信息披露、内部治理结构与食品质量安全信息披露的关系进行了实证检验。然后进一步延伸研究食品安全信息披露对公司价值和权益资本成本的影响。本章对全书的结论进行总结，并分析局限性和未来的研究方向。

10.1　研究结论与启示

10.1.1　研究结论

食品安全问题一直是全球关注的热点问题，食品安全信息的披露有助于缓解生产者和消费者之间的信息不对称，食品质量安全信息披露水平受哪些因素影响值得探讨。本书从微观企业视角研究我国食品类上市公司内部控制质量对食品安全信息披露的影响，以拓展学术界和实务界对食品安全信息披露影响因素的认识，为监管部门和企业从内部治理角度提升食品安全信息披露水平提供理论借鉴。利用构建的食品安全信息披露指数和厦门大学内控课题组主持设计的内部控制指数（2011—2014 年）衡量企业食品安全信息披露水平和内部控制质量，研究内部控制质量对食品安全信息披露水平的影响。得到如下结论：

（1）高水平的内部控制可以提升食品安全信息披露的质量

学术界对内部控制保障财务信息披露可靠性已有一定的共识，但内部控制是否能够提升非财务信息的质量？本书的研究结论表明内部控制通过抑制委托—代理风险和经营风险，提升了食品安全信息披露的质量。这意味着对于内控控制效用的研究可以延伸至非财务信息领域，可以从降低企业风险，提升企业管理水平等更多视角探讨内部控制。

（2）公司内部治理结构对食品安全信息披露有显著的影响

实证结果表明，公司内部治理结构越完善，食品安全信息披露水平越高。这验证了内部治理机制不仅可以抑制管理层对股东的机会主义行为，也可以抑制管理层与其他相关利益者之间的委托—代理风险。我们从董事会特征、薪酬激励和股权结构三方面探讨内部治理结构对食品安全信息披露的影响。在董事会特征中，独立董事的比例正向影响食品质量安全信息披露，表明独立董事制度在保护相关利益者权利中起到了一定的作用；董事会规模越大，食品质量安全信息披露水平越高，表明大规模的董事会对管理层的制衡更有效果；董事长和总经理二职合一在国有控股组正向影响食品安全信息披露，验证了国有企业高管的行为更多地遵循政治逻辑而非经济逻辑；在薪酬激励中，高管持股比例和高管薪酬比例均与食品质量安全信息披露正相关，表明激励机制在协调管理层与相关利益者关系中起到了很好的效果。在股权结构中，股权集中度正向影响食品安全信息披露，验证了股权越集中股东对管理层的监督程度越高，也表明基于企业可持续发展的意愿，大股东有意愿披露食品质量安全信息；股权性质也对食品质量安全信息披露有显著的影响，国有控股企业更愿意披露食品质量安全信息。

（3）内部控制流程可以防范食品质量安全风险，进而促进食品质量安全信息披露

我们用内部控制的一级指标代替内部控制流程，研究内部控制流程与食品质量安全信息披露的关系。研究结果表明，各项一级指标与内部控制信息披露均显著相关。即便抑制了管理层的委托—代理行为，管理层有意愿生产安全食品，也可能由于与供应商、销售商和员工的契约不完备性导致食品质量安全风险。不完备契约为各方留下了相机抉择的空间，供应商、销售商、员工等为了自身利益可能发生损害企业价值的机会主义行为。内部控制是弥补不完备企业的机制，通过风险评估、控制活动、信息与沟通和内部监督的流程设计抑制企业的食品质量风险，生产安全的食品。控制食品质量安全风险的企业更可能通过信息传递机制从劣质公司中分离出来。

（4）不同制度环境下企业内部控制质量对食品安全信息披露水平的影响存在差异

制度环境能够改变企业从事某一行为收益或损失的衡量标准，从而影响企业的动机和决策偏好。就产权性质而言，企业内部控制质量对食品安全信息披露水平的影响在国有控股公司中表现得比非国有控股公司更为显著；就公司所处的行业而言，在产品市场竞争较强的行业，企业内部控制质量对企业食品安全信息披露水平的影响表现得更为显著。

（5）食品安全信息披露产生正向的经济后果

如何促进企业食品安全信息披露？只有将食品安全问题外部性内在化，将食品安全内化为企业利益，才能促使企业有效履行食品安全责任。实证研究发现，企业自愿性食品安全信息披露增强了相关利益者信心，显著正向影响企业经营现金流量；食品安全信息披露指数越高，企业价值越大。这表明，企业自愿性食品安全信息披露可以缓和食品市场的信息不对称，增强企业的竞争能力。同时，食品安全信息披露通过降低非系统风险，减少信息不对称，增加企业声誉，从而降低企业的权益资本成本。研究结果表明，食品质量安全信息披露与权益资本成本显著负相关。由此，披露食品质量安全信息是企业的理性选择，政府的职责是基于风险视角合理配置资源和创造优良的竞争环境，促进企业披露高质量的食品安全信息。

10.1.2　研究启示

以上的研究结论对食品质量安全和内部控制建设有以下启示：

（1）以风险链接企业和政府，建立食品质量安全风险信息披露机制

我们的结论表明，企业内部控制与食品安全信息披露正相关，这意味着内部控制完善了各方契约，企业遵循相关利益者最大化的理论，将食品安全信息披露作为公司战略的重要组成部分，向相关利益者传递食品安全信息。就企业而言，将食品质量安全视为企业的经营风险，通过内部控制可以有效防范和控制食品质量安全风险，内部控制有效的企业也有意愿披露更加真实完整的食品质量安全信息。就政府规制层面的食品质量安全风险防范而言，建立风险评估、风险管理与风险交流为主线的食品质量安全风险分析框架是有效预防食品质量安全风险的方式，这一分析框架的核心是充分和真实可靠的食品质量安全风险信息。由此，我们可以参照COSO的《企业风险管理整合框架》，在食品产业链内构建基于内部控制的企业食品质量安全与政府风险监管链接的信息披露机制，以企业披露的食品安全信息作为政府风险监管的基础，降低政府风险监管的信息搜寻成本。

（2）制定食品安全信息披露标准，规范食品安全信息披露

尽管内部控制制度建设能够促进企业的食品安全信息披露，但如果没有制度规范也无法将企业的风险管理与政府的风险监管有效统一。我们的统计表明，在食品安全信息披露中，存在信息披露量少、披露位置和披露内容不规范的问题，且不同公司食品安全信息披露情况存在较大差异。2011—2014年上市公司披露的食品安全信息均为正面信息，527个样本中无1例负面信息披露；食品安全信息披露在年报中并无固定的位置，散见于董事会报告中的公司经营情况、未来发展展望、主营业务分析、核心竞争力分析、风险分析等处。披露的内容有较大的随意性，公司披露的内容依据公司自身的情况，不同公司披露的内容有较大差别，公司前后年度披露的项目也不相同。这种信息披露质量显然无法为政府风险监管提供有效的信息基础。由此，政府应制定食品安全信息披露的标准规范，可从内部环境、目标设定、事项识别、风险评估、风险应对、控制活动、信息与沟通、监控八个维度做出规制，以规范企业基于内部控制的食品安全信息披露报告。

（3）完善内部控制流程设计，增强内部控制的风险防控效能

学术界已经有诸多内部控制经济后果的研究，但对于内部控制与企业经营风险关系的研究并不多见，这可能是基于内部控制防控风险流程设计的复杂性。在对食品类企业防控食品安全风险的调研中发现，规模较大的企业注重内部控制对经营风险的防控，仅食品安全风险防控的节点就多达几百个，而这种基于实践的风险防控体系理论界却很少关注。而规模相对较小的企业则对内部控制的概念相当陌生，如何将企业内部控制防控经营风险的实践总结并推广应用，是值得探讨的问题。

10.2　局限性与未来研究方向

10.2.1　研究的局限性

限于笔者认知能力的有限性和数据的不可获得性，本书至少在以下方面存在不同程度的局限：

（1）对内部控制流程抑制食品质量安全风险的研究，如果能通过案例的剖析，设置更详细的变量，将会增加研究的严谨性，受公开披露数据的限制，本书仅以内部控制的要素作为变量。

（2）食品质量安全信息披露指数的构建，尽管较为全面地反映了企业的食品质量安全披露水平，但在权重的赋值上仍有提升的空间。

（3）内部控制环境对食品安全信息披露的研究，本书选择了内部治理结构的影响，对其他诸如组织结构、管理层理念、人力资源等方面的影响有待进一步探讨。

10.2.2　未来研究方向

在未来的研究中，笔者将致力于以下几个方面的探索：

（1）内部控制、食品质量安全信息披露与企业资本成本之间的关系；

（2）内部控制、食品质量安全信息披露与公司价值之间的关系；

（3）内部控制与企业食品质量安全风险防控的研究；

（4）基于内部控制的食品质量安全风险管理与政府风险监管的链接机制。

参 考 文 献

[1] Aaron K. Charterji, David I. , Levine, Michael W. , Toffel. How well do social ratings actually measure corporate social responsibility? [J] . Journal of Economics & Management Strategy, 2009, 18 (1): 125-169.

[2] A Barnea, A Rubin. Corporate Social Responsibility as a Conflict Between Shareholders [J] . Journal of Business Ethics, 2010, 97 (1): 71-86.

[3] AF Daughety and JF Reinganum. Imperfect Competition and Quality Signaling [D] . Vanderbilt University Department of Economics Working Papers, 2005, 39 (1): 163-183.

[4] Aguilera, R. V. , Williams, C. A. , Conley, J. M. and Rupp, D. E. Corporate Governance and Social Responsibility: A comparative Analysis of the UK and the US [J] . Corporate Governance: An International Review, 2006, 14 (3): 147-158.

[5] A Kempf, P Oshoff. The effect of socially responsible investing on portfolio performance. European Financial Management [J] . Journal of Business Ethics, 2007, 13 (5): 908-922.

[6] Akerlof G. The Market for Lemons: Quality Uncertainty and the Market Mechanism [J] . Quarterly Journal of Economics, 1970, 84 (1): 125-142.

[7] Akhtaruddin, M. , Haron, H. Board Ownership, Audit Committees' Effectiveness and Corporate Voluntary Disclosures [J] . Asian Review of Accounting, 2010, 18 (1): 68-82.

[8] Amade, Carlos, Kuchler. Food safety and spinach demand: a general-

ized error correction model [J] . Agricultural and Resource Economics Review, 2011, 40 (2): 251-265.

[9] Amihud Y, H Mendelson. Asset pricing and the bid-ask spread [J]. Journal of Financial Economics, 1986 (17): 223-249.

[10] Anna S. Mattila, Lydia Hanks, Ellen Eun Kyoo Kim. The impact of company type and corporate social responsibility messaging on consumer perceptions [J] . Journal of Financial Services Marketing, 2010, 15 (2): 126-135.

[11] Arjalies D, mundy J. The use of management control systems to manage CSR strategy: a levers of control perspective [J]. Management Accounting Review, 2013, 86 (6): 1887-1907.

[12] Arnade, Carlos, Kuchler, Fred, Calvin, Linda. Food Safety and Spinach Demand: A Generalized Error Correction Model [J] . Agricultural and Resource Economics Review, 2011, 40 (2): 251-265.

[13] Arora, P. and Dharwadkar, R. Corporate Governance and Corporate Social Responsibility (CSR): The Moderating Roles of Attainment Discrepancy and Organization Slack [J] . Corporate Governance: An International Review, 2011, 19 (2): 136-152.

[14] Ashbaugh-Skaife, Hollis, Collins, Daniel W, Kinney, William R, Jr. The Effect of SOX Internal Control Deficiencies and Their Remediation on Accrual Quality [J] . The Accounting Review, 2008, 83 (1): 217-250.

[15] BE Hermalin, MS Weisbach. Boards of directors as an endogenously determined institution: a survey of the economic literature [J] . Ssrn Electronic Journal, 2000, 73 (4): 7-26.

[16] Bear, S. , Rahman, N. and Post, C. The Impact of Board Diversity and Gender Composition on Corporate Social Responsibility and Firm Reputation [J] . Journal of Business Ethics, 2010, 97 (2): 207-221.

[17] Bedard, Jean C, Graham, Lynford. Detection and Severity Classifica-

tions of Sarbanes-Oxley Section 404 Internal Control Deficiencies [J]. The Accounting Review, 2011, 86 (3): 825-855.

[18] Bouten L, Hoozee S. On the interplay between environmental reporting and management accounting change [J] . Management Accounting Research, 2013, 24 (4): 333-348.

[19] Caswell, J. A. Valuing the Benefits and Costs of Improved Food Safety and Nutrition [J] . The Australian Journal of Agricultural and Resource Economics, 1998, 42 (4): 409-424.

[20] Chau, G. , Gray, S. J. Family Ownership, Board Independence and Voluntary Disclosure: Evidence from Hong Kong [J] . Journal of International Accounting, Auditing and Taxation, 2010, 19 (2): 93-109.

[21] Cheng, E. C. M. and Courtenay, S. M. Board Composition, Regulatory Regime and Voluntary Disclosure [J] . The International Journal of Accounting, 2006, 41 (3): 262-289.

[22] Cheng, Mei, Dhaliwal, Dan, Zhang, Yuan. Does Investment Efficiency Improve after the Disclosure of Material Weaknesses in Internal Control over Financial Reporting? [J] . Journal of Accounting & Economics, 2013, 56 (1): 1-17.

[23] CH Cho, DM Patten. Green accounting: Reflections from a CSR and environmental disclosure perspective [J] . Critical Perspectives on Accounting, 2013, 24 (6): 443-447.

[24] Contrafatto M, Burrns J. Social and environmental accounting, organisational change and management accounting: a processual view [J] . Management Accounting Research, 2013 (24): 349-365.

[25] Dan S. Dhaliwal, Oliver Zhen Li, Albert Tsang, Yong George Yang. Voluntary non-financial disclosure and the cost of equity capital: The initiation of corporate social responsibility reporting [J] . The Accounting Review, 2011, 86 (1): 59-100.

[26] David L, Orteg H, Holly Wang, et al. Chinese consumers' demand

for food safety attributes: a push for government and industry regulations [J] . American Journal of Agricultural Economics, 2012, 94 (2): 489-495.

[27] D. Barling, T. Lang. The Politics of Food [J] . Political Quarterly, 2003, 74 (1): 4-7.

[28] DD Lee, RW Faff. Corporate Sustainability Performance and Idiosyncratic Risk: A Global Perspective [J] . Financial Review, 2009, 44 (4): 213-237.

[29] Denise, Y. M. , Christopher H. Fresh Produce Procurement Strategies in a Constrained Supply Environment: Case Study of Companhia Brasileira de Distribuicao [J] . Review of Agricultural Economics, 2005, 27 (1): 130-138.

[30] Dentonoi G, Tonsor R, Calantone H C. Peterson consumers' perceptions of stakeholder credibility: who has it and who perceives it [J]. Journal on Chain and Network Science, 2014, 14 (1): 3-20.

[31] Dey, A. Corporate Governance and Agency Conflicts [J] . Journal of Accounting Research, 2008, 46 (5): 1143-1181.

[32] Dhaliwal, D. S. , O. Z. Li, A. Tsang and Y. G. Yang. Voluntary Non-Financial Disclosure and the Cost of Equity Capital: The Case of Corporate Social Responsibility Reporting [J] . The Accounting Review, 2011, 86 (1): 59-100.

[33] Doyle, Jeffrey, Ge, Weili, McVay, Sarah. Determinants of Weaknesses in Internal Control over Financial Reporting [J] . Journal of Accounting & Economics, 2007, 44 (1/2): 193-223.

[34] Donald V. Moser, Patrick R. Martin A. Broader perspective on corporate social responsibility research in accounting [J] . The Accounting Review, 2012, 87 (3): 797-806.

[35] Edwige Cheynel. A theory of voluntary disclosure and cost of capital [J] . Review of Accounting Studies, 2013, 18 (4): 987-1020.

[36] Edwige Cheynel. A theory of voluntary disclosure and cost of capital [J]. Review of Accounting Studies, 2013, 18 (4): 987-1020.

[37] Francis J R, Khurana I K, Perira R. Disclosure incentives and effects on cost of capital around the world [J]. Accounting Review, 2005, 80 (4): 1125-1162.

[38] Farina, E. M. M. Q. and Reardon, T. Agrifood Grades and Standards in the Extended Mercosur: Their Role in the Changing Agrifood System [J]. American Journal of Agricultural Economics, 2000, 82 (5): 1170-1176.

[39] Flammer C. Does product market competition foster corporate social responsibility? Evidence from trade liberalization [J]. Strategic Management Journal [in press], 2016.

[40] Edwige Cheynel. A theory of voluntary disclosure and cost of capital [J]. Review of Accounting Studies, 2013, 18 (4): 987-1020.

[41] Francis J R, Khurana I K, Perira R. Disclosure incentives and effects on cost of capital around the world [J]. Accounting Review, 2005, 80 (4): 1125-1162.

[42] Fuchs, Doris, Kalfagianni, Agni, Clapp, Jennifer, Busch, Lawrence. Introduction to symposium on private agrifood governance: values, shortcomings and strategies [J]. Agriculture and Human Values, 2011, 28 (3): 335-352.

[43] GK Chau, SJ Gray. Ownership Structure and Corporate Voluntary Disclosure in Hong Kong and Singapore [J]. International Journal of Accounting, 2002, 37 (2): 247-265.

[44] Goh, Beng Wee, Li, Dan. The Disciplining Effect of the Internal Control Provisions of the Sarbanes-Oxley Act on the Governance Structures of Firms [J]. The International Journal of Accounting, 2013, 48 (2): 248-262.

[45] González Díaz, Manuel, Fernández Barcala, Marta, Arruñada, Beni-

to. Quality Assurance Mechanisms in Agrifood: The Case of the Spanish Fresh Meat Sector [J]. SSRN Working Paper Series, 2011.

[46] Gordon, Lawrence A, Wilford, Amanda L. An Analysis of Multiple Consecutive Years of Material Weaknesses in Internal Control [J]. The Accounting Review, 2012, 87 (6): 2027-2060.

[47] Hail, C Leuz. International differences in cost of equity: Do legal institutions and securities regulation matter? [J]. Journal of Accounting Research, 2006 (44): 485 - 531.

[48] Hammersley, Jacqueline S, Myers, Linda A, Shakespeare, Catherine. Market Reactions to The Disclosure of Internal Control Weaknesses and to The Characteristics of Those Weaknesses Under Section 302 of The Sarbanes Oxley Act of 2002 [J]. Review of Accounting Studies, 2008, 13 (1): 141-165.

[49] Haniffa, R. M. and Cooke, T. E. The Impact of Culture and Governance on Corporate Social Reporting [J]. Journal of Accounting and Public Policy, 2005, 24 (1): 391-430.

[50] Hart O, Moore J. The Governance of Exchanges: Members' Cooperatives Versus Outside Ownership [J]. Oxfod Review of Economic Policy, 1996, 12 (4) : 53-69.

[51] Hassan, F. , Caswell, J. A. , Neal, H. Motivations of Fresh-cut Produce Firms to Implement Quality Management System [J]. Review of Agricultural Economics, 2006, 28 (1): 132-146.

[52] Henry, T. F. , J. J. Shon and R. E. Weiss. Does Executive Compensation Incentivize Managers to Create Effective Internal Control Systems? [J]. Research in Accounting regulation, 2011, 23 (1): 46-59.

[53] Hermalin, B. E. and Weisbach, M. S. Endogenously Chosen Boards of Directors and Their Monitoring of the CEO [J]. American Economic Review, 1998, 88 (1): 96-118.

[54] Holder-Webb, L. Cohen, J. , Nath, L. and Wood, D. The Supply

of Corporate Social Responsibility Disclosures Among U. S. firms [J]. Journal of Business Ethics, 2009, 84 (4): 497-527.

[55] Hu, Nan, Qi, Baolei, Tian, Gaoliang, Yao, Lee, Zeng, Zhen. The Impact of Ineffective Internal Control on The Value Relevance of Accounting Information [J]. Asia-Pacific Journal of Accounting & Economics, 2013, 20 (3): 334-345.

[56] Jin, S. , Zhou, J. & Ye, J. Adoption of HACCP System in the Chinese Food Industry: A Comparative Analysis [J]. Food Control, 2008, 19 (8): 823-828.

[57] Jo, H. and Harjoto, M. Corporate Governance and Firm Value: The Impact of Corporate Social Responsibility [J]. Journal of Business Ethics, 2011, 103 (3): 351 - 383.

[58] Jong-Keun Kim. Effects of corporate social responsibility on BtoB relational performance [J]. International Journal of Business and Management, 2011, 6 (2): 24-34.

[59] Jo, H. and Harjoto, M. Corporate Governance and Firm Value: The Impact of Corporate Social Responsibility [J]. Journal of Business Ethics, 2011, 103 (3): 351 - 383.

[60] Keane, Matthew J, Elder, Randal J, Albring, Susan M. The Effect of The Type and Number of Internal Control Weaknesses and Their Remediation on Audit Fees [J]. Review of Accounting & Finance, 2012, 11 (4): 377-399.

[61] Kim, Jeong-Bon, Song, Byron Y, Zhang, Liandong. Internal Control Weakness and Bank Loan Contracting: Evidence from SOX Section 404 Disclosures [J]. The Accounting Review, 2011 (10): 1157-1188.

[62] Kivi, Paul A, Shogren, Jason F. Second-Order Ambiguity in Very Low Probability Risks: Food Safety Valuation [J]. Journal of Agricultural and Resource Economics, 2010, 35 (3): 443-456.

［63］ K John, LW Senbet. Corporate governance and board effectiveness
［J］. Journal of Banking & Finance, 1998, 22 (4): 371-403.

［64］ Kolk, A. and Pinkse, J. The Integration of Corporate Governance in Cor-
porate Social Responsibility Disclosures ［J］. Corporate Social Responsi-
bility and Environmental Management, 2010, 17 (1): 26-150.

［65］ Krishnan, G. and Visvanathan, G.. Do Auditors Price Audit Committee's
Expertise? The Case of Accounting Versus Nonaccounting Financial Experts
［J］. Journal of Accounting, Auditing and Finance, 2009, 24 (1):
115-144.

［66］ Lamber R, Cleuz, R E Verrecchi. Accounting information, disclo-
sure, and the cost of capital ［J］. Journal of Accounting Research,
2007 (45): 385 - 420.

［67］ Laura T. Starks. EFA keynote speech: "Corporate governance and
corporate social responsibility: What do investors care about? What
should investors care about?" ［J］. The Financial Review, 2009,
(44): 461-468.

［68］ Li, J. , Pike, R. and Haniffa, R. Intellectual Capital Disclosure and
Corporate Governance Structure in UK Firms ［J］. Accounting and
Business Research, 2008, 38 (2): 137-159.

［69］ Lim, Kar H, Hu, Wuyang, Maynard, Leigh J, Goddard, Ellen.
U. S. Consumers' Preference and Willingness to Pay for Country-of-
Origin-Labeled Beef Steak and Food Safety Enhancements ［J］. Ca-
nadian Journal of Agricultural Economics, 2013, 61 (1): 93-115.

［70］ Luo X, Homburg C, Wieseke J. Customer satisfaction, analyst stock
recommendations, and firm value ［J］. Journal of Mareting Research,
2010, 58 (6): 1041-1058.

［71］ Marcelo Cajias, Franz Fuerst, Sven Bienert. Can investing in corpo-
rate social responsibility lower a company's cost of capital ［J］. Stud-
ies in Economics and Finance, 2014, 31 (2): 202-222.

[72] MI Jizi, A Salama, R Dixon and R Stratling. Corporate Governance and Corporate Social Responsibility Disclosure: Evidence from the US Banking Sector [J] . Journal of Business Ethics, 2014, 125 (4): 601-615.

[73] M. M. Carcia, A. Fearne, J. A. Caswell, et al. Co-Regulation as a Possible Model for Food Safety Governance: Opportunities for Public-Private Partnerships [J] . Food Policy, 2007, 32 (2): 299-314.

[74] Money, K. and Schepers, H. Are CSR and Corporate Governance Converging? A View from Boardroom Directors and Company Secretaries in FTSE100 Companies in the UK [J] . Journal of General Management, 2007, 33 (2): 1-11.

[75] Mørkbak, Morten Raun, Christensen, Tove, Gyrd-Hansen, Dorte, Olsen, Søren Bøye. Is Embedding Entailed in Consumer Valuation of Food Safety Characteristics? [J] . European Review of Agricultural Economics, 2011, 38 (4): 587-602.

[76] Morser D, Martin P. A broader perspective on corporate social responsibility research in accounting [J] . The Accounting Review, 2012, 87 (3): 797-806.

[77] MS Beasley. An empirical analysis of the relation between the board of director composition and financial statem [J] . Accounting Review, 2001, 218 (5): 668-668.

[78] O, Angela M. Determinants of Board of Statutory Auditor and Internal Control Committee Diligence: A Comparison Between Audit Committee and the Corresponding Italian Committees [J] . The International Journal of Accounting, 2013, 48 (1): 84-102.

[79] O Hart and S Grossman. Disclosure Laws and Takeover Bids [J]. Journal of Finance, 1980 (2): 323-334.

[80] Paggi, Mechel S et al. Domestic and Trade Implications of Leafy

Green Marketing Agreement Type Policies and the Food Safety Modernization Act for the Southern Produce Industry [J] . Journal of Agricultural and Applied Economics, 2013, 45 (3): 453-464.

[81] Parker. Corporate social accountability though action: contemporary insights from British industrial pioneers [J] . Accounting, Organizations and Society, 2014, 39 (8): 632-659.

[82] P Cox, PG Wicks. Institutional Interest in Corporate Responsibility: Portfolio Evidence and Ethical Explanation [J] . Journal of Business Ethics, 2011, 103 (1): 143-165.

[83] P Kotler and N Lee. Best of Breed: When It Comes to Gaining A market Edge while Supporting a Social Cause, "Corporate Social Marketing" Leads the Pack [J] . Social Marketing Quarterly, 2005, 11 (3): 91-103.

[84] PM Clarkson, Y Li, GD Richaedson, FP Vasvari. Revisiting the relation between environmental performance and environmental disclosure: An empirical analysis [J] . Accounting Organizations &. Society, 2008, 33 (4-5): 303-327.

[85] Pondevillle S, Swaen V, Ronge. Environmental management control systems: the role of contextual and strategic factors [J]. Management Accounting Research, 2013, (24): 317-332.

[86] Richardson I A J, Welker M. Social disclosure, financial disclosure and the cost of equity capital [J] . Accounting Organisations and Society, 2001, 26 (7-8): 597-616.

[87] Rizzotti, Davide, Grec RICE, SARAH C. , WEBER, DAVID P. How Effective Is Internal Control Reporting under SOX 404? Determinants of the (Non-) Disclosure of Existing Material Weaknesses [J] . Journal of Accounting Research, 2012, 50 (3): 811-843.

[88] RA Johnson, DW Greening. The Effects of Corporate Governance and Institutional Ownership Types of Corporate [J] . Academy of

Management Journal, 1999, 42 (5): 564-577.

[89] Roberts, Tanya, Buzby, Jean C, Ollinger, Michael. Using Benefit and Cost Information to Evaluate a Food Safety Regulation: HACCP for Meat and Poultry [J]. American Journal of Agricultural Economics, 1996, 78 (5): 1297-1301.

[90] Rodrigue M, Magnan M, Boulianne E. Stakeholders' influence on environmental strategy and performance indicators: A managerial perspective [J]. Management Accounting Research, 2013 (24): 301-316.

[91] Rouviere, Elodie, Soubeyran, Raphael, Bignebat, Céline. Heterogeneous efforts in voluntary programs on food safety [J]. European Review of Agricultural Economics, 2010, 37 (4): 479-502.

[92] Rouvière, E, Latouche, K. Impact of liability rules on modes of co-ordination for food safety in supply chains [J]. European Journal of Law and Economics, 2014, 37 (1): 111-130.

[93] Salama, A. , Anderson, K. and Toms, J. S. Does Community and Environmental Responsibility Affect Firm Risk? Evidence from UK Panel Data 1994—2006 [J]. Business Ethics: A European Review, 2011, 20 (2): 192-204.

[94] SE Ghoul, O Guedhami, J Pittman. The Role of IRS Monitoring in Equity Pricing in Public Firms [J]. Contemporary Accounting Research, 2011, 28 (2): 643-674.

[95] Sharyn Rundle-Thiele, Kim Ball, Meghan Gillespie. Raising the bar: from corporate social responsibility to corporate social performance [J]. Journal of Consumer Marketing, 2008, 25 (4): 245 - 253.

[96] Sharon C. Bolton, Rebecca Chung-hee Kim, Kevin D. O' Gorman. Corporate social responsibility as a dynamic internal organizational process: A case study [J]. Journal of Business Ethics, 2011 (101): 61-74.

[97] Skaife, Hollis A, Veenman, David, Wangerin, Daniel. Internal control over financial reporting and managerial rent extraction: Evidence from the profitability of insider trading [J] . Journal of Accounting & Economics, 2013, 55 (1): 91-102.

[98] Szczepanski, George Finley. Master's Thesis Award of Merit: Effects of Food Safety Regulations on International Trade in Shrimp and Prawns: The Case of Oxytetracycline Regulation [J] . Agricultural and Resource Economics Review, 2011, 40 (3): 490-494.

[99] T Sieber, BE Weibenberger, T Oberdorster, J Baetg. Let's talk strategy: the impact of voluntary strategy disclosure on the cost of equity capital [J] . Business Research, 2014, 7 (2): 263-312.

[100] Tonsor, Glynn T. Consumer Inferences of Food Safety and Quality [J] . European Review of Agricultural Economics, 2011, 38 (2): 213-236.

[101] Yongtae Kim, Myung Seok Park, Benson Wier. Is earnings quality associated with corporate social responsibility? [J] . The Accounting Review, 2012, 87 (3): 761-796.

[102] X Luo, CB Bhattacharya. The Debate Over Doing Good: Corporate Social Performance, Strategic Marketing Levers, and Firm-Idiosyncratic Risk [J] . Journal of Marketing, 2009, 73 (6): 198-213.

[103] Urquiza, Francisco B, Marla C, Nanarro, Marco Trometta. Disclosure strategies and cost of capital [J] . Managerial and Decision Economics, 2012, 33 (7-8): 501 – 509.

[104] Verrecchia R E. Essays on disclosure [J] . Journal of Accounting and Economics, 2001 (32): 97 – 180.

[105] 陈关亭，黄小琳，章甜. 基于企业风险管理框架的内部控制评价模型及应用 [J] . 审计研究，2013 (6): 93-101.

[106] 陈汉文，周中胜. 内部控制质量与企业债务融资成本 [J] . 南开管理评论，2014，17 (3): 103-111.

[107] 陈友芳，黄镘漳．道德风险、逆向选择与食品安全监管的思考
[J]．中国青年政治学院学报，2010，29（6）：55-60.

[108] 陈玉清，马丽丽．我国上市公司社会责任会计信息市场反应实证
分析 [J]．会计研究，2005（11）：25-32.

[109] 程小可，杨程程，姚立杰．内部控制、银企关联与融资约束 [J].
审计研究，2013（5）：80-86.

[110] 池国华，张传财，韩洪灵．内部控制缺陷信息披露对个人投资者
风险认知的影响：一项实验研究 [J]．审计研究，2012（2）：
105-112.

[111] 曹亚勇，王建琼，于丽丽．公司社会责任信息披露与投资效率的
实证研究 [J]．管理世界，2012（12）：183-185.

[112] 戴文涛，纳鹏杰，马超．内部控制能预防和降低企业风险吗？
[J]．财经问题研究，2014（2）：87-94.

[113] 丁友刚，胡兴国．内部控制、风险控制与风险管理——基于组织
目标的概念解说与思想演进 [J]．会计研究，2007（12）：51-54.

[114] 古川，安玉发．食品质量安全投入的博弈分析 [J]．经济与管理
研究，2012，（1）：12-17.

[115] 冯巧根．基于企业社会责任的管理会计框架重构 [J]．会计研究，
2009（8）：80-87.

[116] 冯忠泽，李庆江．农户食品质量安全认知及影响因素分析 [J].
农业经济问题，2007（4）：22-25.

[117] 方红星，金玉娜．公司治理、内部控制与非效率投资：理论分析
与经验证据 [J]．会计研究，2013（7）：63-69.

[118] 高明华，杜雯翠．外部监管、内部控制与企业经营风险——来自
中国上市公司的经验证据 [J]．南方经济，2013（12）：63-72.

[119] 高原，王怀明．消费者食品安全信任机制研究：一个理论分析框
架 [J]．宏观经济研究，2014（11）：107-113.

[120] 龚强，张一林，余建宇．激励、信息与食品安全规制 [J]．经济
研究，2013（3）：135-147.

[121] 韩洪灵，郭燕敏，陈汉文．内部控制监督要素之应用性发展——基于风险导向的理论模型及其借鉴［J］．会计研究，2009（8）：73-79.

[122] 韩杨，陈建先，李成贵．中国食品追溯体系纵向协作形式及影响因素分析［J］．中国农村经济，2011（12）：54-66.

[123] 郝利，李庆江．农户对食品质量安全成本收益的认知分析［J］．农业技术经济，2013（9）：61-66.

[124] 何贤杰，肖土盛，陈信元．企业社会责任信息披露与公司融资约束［J］．财经研究，2012，38（8）：60-71.

[125] 胡定寰．食品"二元结构"论［J］．中国农村经济，2005（2）：12-18.

[126] 黄溶冰，王跃堂．公司治理视角的内部控制［J］．中南财经政法大学学报，2009（1）：100-105.

[127] 黄世忠．强化公司治理、完善控制环境［J］．财会通讯，2001（1）：33-34.

[128] 姜鹏，苏秦，张鹏伟．质量管理实践与企业绩效关系模型研究［J］．科学研究，2013，31（6）：904-912.

[129] 姜涛，王怀明．政府规制与食品安全信息披露［J］．华南农业大学学报（社会科学版），2012，11（2）：51-58.

[130] 金彧昉，李若山，徐明磊．COSO报告下的内部控制新发展——从中航油事件看企业风险管理［J］．会计研究，2005（2）：32-38.

[131] 蒋尧明，郑莹．企业社会责任信息披露高水平上市公司治理特征研究［J］．中央财经大学学报，2014（11）：52-59.

[132] 李功奎，应瑞瑶．柠檬市场与制度安排［J］．农业技术经济，2004（3）：16-21.

[133] 李明辉．内部公司治理与内部控制［J］．中国注册会计师，2003（11）：22-23.

[134] 李若山，陈策．内部控制、产品质量与企业存亡［J］．审计与理财，2009（1）：5-7.

[135] 李心合. 内部控制研究的困惑与思考 [J]. 会计研究, 2013 (6):
      54-61.

[136] 李万福, 林斌, 刘春丽. 内部控制缺陷异质性如何影响财务报告?
      [J]. 财经研究, 2014, 40 (6): 71-82.

[137] 李志斌. 内部控制与环境信息披露 [J]. 中国人口·资源与环境,
      2014, 24 (6): 77-83.

[138] 李姝, 赵颖, 童婧. 社会责任报告降低了企业权益资本成本吗?
      [J]. 会计研究, 2013 (9): 64-70.

[139] 林钟高, 徐虹, 李倩. 内部控制、关系网络与企业价值 [J]. 财
      经问题研究, 2014 (1): 88-96.

[140] 刘美华, 朱敏. 股权性质、财务也就与社会责任信息披露 [J].
      中国农村经济, 2014 (1): 38-48.

[141] 刘启亮, 罗乐, 陈汉文. 产权性质、制度环境与内部控制 [J].
      会计研究, 2012 (3): 52-61.

[142] 马连福, 赵颖. 基于投资者关系战略的非财务信息披露指标及实
      证研究 [J]. 管理科学, 2007, 20 (4): 86-96.

[143] 马少华, 欧晓明. 基于企业社会责任视角的食品质量安全机制研
      究 [J]. 农村经济, 2014 (5): 19-22.

[144] 孟晓俊, 肖作平, 曲佳莉. 企业社会责任信息披露与资本成本的
      互动关系——基于信息不对称视角的一个分析框架 [J]. 会计研
      究, 2010 (9): 25-29.

[145] 彭建仿. 供应链关系优化与食品质量安全 [J]. 中央财经大学学
      报, 2012 (6): 48-53.

[146] 秦江萍. 内部控制水平对食品安全保障的影响——基于食品供应
      链核心企业的经验证据 [J]. 中国流通经济, 2014 (12): 60-67.

[147] 沈洪涛. 公司特征与公司社会责任信息披露 [J]. 会计研究,
      2007 (3): 9-16.

[148] 孙世民, 张媛媛, 张健如. 基于 Logit-ISM 模型的养猪场 (户) 良
      好质量安全行为实施意愿影响因素的实证分析 [J]. 中国农村经

济，2012（10）：24-36.

[149] 陶文杰，金占明．企业社会责任信息披露、媒体关注度与企业财务绩效关系研究［J］．管理学报，2012，9（8）：1225-1232.

[150] 王可山，苏昕．制度环境、生产经营者利益选择与食品安全信息有效传递［J］．宏观经济研究，2013（7）：84-89.

[151] 王运陈，逯东，宫义飞．企业内部控制提高了 R&D 效率吗？［J］．证券市场导报，2015（1）：39-45.

[152] 吴晨，王厚俊．关系合约与食品供给质量安全：数理模型及推论［J］．农业技术经济，2010（6）：30-36.

[153] 吴林海，卜凡．消费者对含有不同质量安全信息可追溯猪肉的消费偏好分析［J］．中国农村经济，2012（10）：13-23.

[154] 吴水澎，陈汉文．企业内部控制理论的发展与启示［J］．会计研究，2000（5）：2-8.

[155] 吴益兵．内部控制的盈余管理抑制效应研究［J］．厦门大学学报（哲学社会科学版），2012（2）：79-86.

[156] 肖华，张国清．内部控制质量、盈余持续性与公司价值［J］．会计研究，2013（5）：73-80.

[157] 肖红军，郑若娟，铉率．企业社会责任信息披露的资本成本效应［J］．经济与管理研究，2015，36（3）：136-144.

[158] 谢志华．内部控制、公司治理、风险管理：关系与整合［J］．会计研究，2007（10）：37-45.

[159] 徐珊，黄健柏．企业产权、社会责任与权益资本成本［J］．南方经济，2015（5）：76-92.

[160] 杨道广，陈汉文．内部控制、制度环境与股票流动性［J］．经济研究，2013（增1）：132-143.

[161] 杨万江．食品安全生产经济研究［M］．北京：中国农业出版社，2006.

[162] 杨有红．论内部控制环境的主导与环境优化［J］．会计研究，2013（5）：67-72.

[163] 张龙平，王军只，张军．内部控制鉴证对会计盈余质量的影响研究 [J]．审计研究，2010（2）：83-90.

[164] 张云华等．食品供给链中质量安全问题的博弈分析 [J]．中国软科学，2004（11）：36-42.

[165] 张兆国，靳小翠，李庚秦．企业社会责任与财务绩效之间交互跨期影响实证研究 [J]．会计研究，2013，（8）：32-39.

[166] 张学勇，廖理．股权分置改革、自愿性信息披露与公司治理 [J]．经济研究，2010，（4）：28-39.

[167] 张正勇，吉利．企业家人口背景特征与社会责任信息披露 [J]．中国人口·资源与环境，2013，23（4）：131-138.

[168] 周德翼，杨海娟．食物质量安全管理中的信息不对称与政府监管机制 [J]．中国农村经济，2002，（6）：29-35.

[169] 周玲等．风险监管：提升我国产品质量安全管理的有效路径 [J]．北京师范大学学报，2011（6）：114-120.

[170] 周洁红，胡剑锋．蔬菜加工企业质量安全管理行为及其影响因素分析 [J]．中国农村经济，2009（3）：45-56.

[171] 周孝，冯中越．声誉效应与食品安全水平的关系研究——来自中国驰名商标的经验证据 [J]．经济与管理研究，2014（6）：111-122.

[172] 钟真，孔祥智．食品质量安全问题产生原因与治理措施 [J]．中南民族大学学报，2013，32（2）：125-129.

[173] 朱淀，洪小娟．2006—2012年间中国食品安全风险评估与风险特征研究 [J]．中国农村观察，2014（2）：49-59.

[174] 朱松．企业社会责任、市场评价与盈余信息含量 [J]．会计研究，2011（11）：27-34.

后 记

时光匆匆啊，转眼又在厦门大学度过了三年美好时光。10年前在厦大读研的情景还历历在目，尚记得研究生答辩前夜，紧张地在芙蓉湖畔徘徊，现在已是要博士后出站了。依然如当初那般留恋，因为喜欢厦门这座城，南普陀的悠长晨钟、鼓浪屿的青苔小路、五缘湾的林荫栈道，让人温暖而沉静；喜欢厦门大学的生活，一杯咖啡一天图书馆的时光，简单而充实。还记得三年前入站时，心怀惶恐，担心有负老师的厚爱，于是同博士生一起上课、一起读文献、一起参加 seminar，不敢有丝毫懈怠。待到如今出站报告做完，仍恐此文距恩师要求相去甚远。虽有向学之心，然自身愚钝，文中有疏误之处，概由自己负责。作此后记，以感谢所有关心、帮助过我的人。

感谢我的恩师陈汉文教授，三生有幸，能两度入恩师门下。读硕士研究生时，恩师严谨的治学态度，令我感受到学术的神圣，也望自己能走上学术之路。然而，时时在生活中迷失方向，是恩师鼓励我继续攻读博士，读博士期间因为专业方向问题苦恼，恩师又指点迷津。为让我再回到会计专业，恩师又允我再度入其门下，悉心指教。研究选题时，想结合博士所学专业，有所创新，然而数度申请基金被拒，曾怀疑自己的科研能力，几欲放弃，是恩师的支持，让我能坚持下去。入恩师门下以来，恩师授业解惑，每个人生的渡口都有赖恩师的指点，恩师谦和豁达的处事态度，也让我明白许多做人的道理。恩师的厚爱，当铭记在心，激励自己在学术之路上不断前行，自知拙陋，唯补之以勤。

厦门大学为我提供了良好的研究平台，有幸再次聆听了吴世农教授、曲晓辉教授、桑世俊教授、杜兴强教授的课程，使我领略了公司财务学和会计学的前沿问题。感谢周星教授、蔡舜老师、罗进辉老师的课程，使我加深了对实证研究方法的认识。感谢于李胜老师主持的每周一次的 seminar，能够与国内外知名学者交流和讨论，碰撞出很多观点。感谢博后办的罗老师、何老师，为我们辛勤付出了许多，无论多晚，无论有什么问题，总能在群里得到回复。感谢管理学院的王琨老师这三年来的对我的关照。

感谢我的同门和同学。同门师兄妹间的友爱让我感受到家庭的温暖，感谢艳艳，为我的课题提出很多指导意见。感谢传财师弟，每次都相接相送；感谢道广、思义、依娜对我申请基金的支持；感谢增生、威朝对我生活上的帮助。感谢我的同学给我的鼓励和支持，感谢张文君给我很多学术观点和建议，感谢袁靖在实证研究方法上给予我的帮助。感谢我的同事李婷婷、杨增凡和吕冰研在我博后在站期间的陪伴。

感谢我的家人，感谢他们对我的包容和支持，唯愿大家身体安康，岁月静好！

陈素云

2016 年 4 月于厦门大学图书馆

图书在版编目（CIP）数据

内部控制与食品安全信息披露关系研究／陈素云著
. —北京：中国农业出版社，2017.6
ISBN 978-7-109-22871-9

Ⅰ.①内… Ⅱ.①陈… Ⅲ.①食品安全－安全管理－
安全信息－研究 Ⅳ.①TS201.6

中国版本图书馆 CIP 数据核字（2017）第 080147 号

中国农业出版社出版
（北京市朝阳区麦子店街 18 号楼）
（邮政编码 100125）
责任编辑 赵 刚

北京大汉方圆数字文化传媒有限公司印刷 新华书店北京发行所发行
2017 年 6 月第 1 版 2017 年 6 月北京第 1 次印刷

开本：880mm×1230mm 1/32 印张：5.5
字数：160 千字
定价：38.00 元
（凡本版图书出现印刷、装订错误，请向出版社发行部调换）